BEATE JODL UND BARBARA OSSIG

Boxer

Praxiswissen Hund

AUSWAHL, HALTUNG,
ERZIEHUNG, BESCHÄFTIGUNG

MIT KOSMOS MEHR ENTDECKEN
Aktuelles
Experten
— wissen
SEIT 1822

KOSMOS

☞ Inhalt

SO SIND BOXER — *Geschichte und Wesen*

HERKUNFT

Der Boxer hat seinen Ursprung in Deutschland im Münchener Raum. Er gehört zur FCI-Gruppe 2 „Molosser und doggenartige Hunde mit Arbeitsprüfung" (FCI = Federation Cynologic International). Heutzutage wird er als Begleit-, Schutz- und Gebrauchshund verwendet.

Hunde begleiten Menschen schon seit Jahrtausenden. Die kynologischen Anfänge liegen ca. 10.000 Jahre zurück. So die Schätzung anhand der Knochenfunde von Torf- und Pfahlspitzen.

Es existiert eine Reihe von Theorien über die Abstammung unserer Hunde, aber inzwischen gilt als erwiesen, dass der Wolf der Ahnherr aller unserer heutigen Haushunde ist. Auch wenn wir inzwischen Hunde von sehr klein bis sehr groß kennen, kurzhaarige, langhaarige, stockhaarige, Spezialisten für die verschiedensten Verwendungszwecke: Sie alle tragen immer noch „den Wolf in sich". Und so manche Verhaltensweise findet ihre moderne Erklärung im alten Erbe.

Als direkter Vorfahre aller doggenartigen Hunde gilt die Tibetdogge. Alexander der Große soll sie aus Indien mitgebracht und so die Ausgangsbasis für die Zucht der Molosser geschaffen haben. Diese Tibetdoggen wurden an die Römer weitergegeben, als Kriegshunde eingesetzt und galten bis ins 3. Jahrhundert n. Chr. als unbesiegbar. Dann tauchten britannische Doggen auf. Sie waren stärker, hatten ein breiteres Maul und wurden mit den Molossern gekreuzt. Aber auch die Kelten züchteten bereits schwere, große Hunde, die nicht nur Hab und Gut bewachten, sondern auch bei der Jagd auf Schwarzwild und Bären eingesetzt wurden. Daher auch der Name „Sau- oder Bärenbeißer". Sie wurden in ganz Europa gezüchtet, je nach Verwendung von kleiner oder großer Gestalt. Aus diesen Zuchten entstand in Mitteleuropa der „Große oder Danziger Bullenbeißer" ebenso wie der „Kleine oder Brabanter Bullenbeißer".

Der Danziger Bullenbeißer fand im Norden Deutschlands und Polens zur Jagd auf Großwild seine Verwendung während sich der Brabanter Bullenbeißer durch seine Wendigkeit und mittlere Größe besser für die Jagd auf Wildschweine eignete.

Ein Boxer hat viele Facetten: unerschrocken seit Alters her …

Mit Leidenschaft und Power in der Arbeit…

Als unmittelbarer Vorfahre des Boxers gilt der Kleine bzw. Brabanter Bullenbeißer. Die damalige Zucht der Bullenbeißer lag meistens in den Händen von Jägern. Die Aufgabe des Bullenbeißers bestand darin, das von den Hetzhunden getriebene Wild zu packen und festzuhalten, bis der Jäger mit der Saufeder kam und die Beute erlegte. Für diese Aufgabe musste der Hund ein möglichst breites Maul mit breitem Zahnstand haben, um sich richtig festzubeißen und auch festzuhalten. Jeder Bullenbeißer, der diese Merkmale hatte, war für seine Aufgabe am besten geeignet und kam somit auch zur Weiterzucht, die früher nur nach der Tätigkeit und dem Verwendungszweck erfolgte. So wurde auch eine Zuchtauslese betrieben, die einen breitschnauzigen Hund mit aufgestülptem Nasenschwamm hervorbrachte. Gemeinsam war ihnen allen, dass sie gelb oder gestromt waren, ohne weiße Abzeichen.
Nach der Französischen Revolution, als die Fürstenhäuser oft in Auflösung begriffen waren, sank auch der Bedarf an Jagdhunden und die Hundezucht ging zurück. Der Bullenbeißer fand dann seine neue Verwendung als Helfer der Metzger beim Viehtreiben, da er die besondere Fähigkeit hatte, Bullen zu stoppen und zurück in den Stall zu treiben. Dass er auch zum Kampf gegen Bullen „gebraucht“ wurde, ist ein dunkles Kapitel und ein lange vergangenes.

Durch die Kreuzung mit der importierten englischen „Bulldog“, die damals dem Bullenbeißer sehr ähnelte, erhielt der Bullenbeißer sein schweres Gebäude, den kurzen massigen Kopf und die weiße Farbe.

… heiter und freundlich beim Spiel.

DER BOXER WIRD ZUM BOXER

Die Bezeichnung „Boxer" taucht erstmals zwischen 1860 und 1870 auf. 1894 beginnt die systematische Reinzucht des Boxers federführend durch die Herren Elard König, Rudolf Hoepner und Friedrich Roberth, die den Boxer-Klub gründeten. 1895 wird als erster „Deutscher Boxer", „Mühlbauer's Flocki" bei einer Hundeschau in München in einer Versuchsklasse präsentiert. Er wird später die Zuchtbuchnummer „1" im Boxer-Stammbuch Band 1 tragen.
Bereits 1902 wurde der erste Standard für Formwert als auch für Wesen formuliert. Und während man schon 1905 ein Bild davon hatte, wie der Boxer sein sollte, nämlich ein eleganter, substanzvoller Familienhund, frei von jeglichem plumpen Äußeren oder gar furchteinflößender Hässlichkeit, dauerte es Generationen, bis in den dreißiger Jahren durch die auch heute noch weltbekannte Kynologin Friederun Stockmann dieser Boxer Gestalt annahm.
Seine offizielle Anerkennung als Gebrauchshund fand der Boxer im Jahr 1924. Allerdings wird der Boxer heute nur noch selten als Diensthund geführt. Andere Rassen haben sich – oder wurden züchterisch – auf die Aufgaben bei Zoll, Polizei und Wachdiensten spezialisiert.
Der Boxer hat sich zu einem athletischen Sport- und Familienhund entwickelt, der zu allen Unternehmungen mit seiner Familie bereit ist, aber im „Fall der Fälle" immer noch einen ernstzunehmenden Schutz darstellt.

Warm und weich das Leben genießen.

LEGENDE VOM BOXER

— Wie ein besonderer Hund entstand

Es war der letzte Schöpfungstag. Erde, Himmel, Tiere und Menschen ... alles war geschaffen. Aber bevor Gott sich ausruhte, dachte er, der Mensch soll unter all' den Tieren nicht einsam sein.

Und so schuf Gott ein Tier als des Menschen besten Freund – den Hund. Und er schuf Hunde in vielen verschiedenen Formen, so dass jedermann sich seinen Lieblingsgefährten selbst auswählen konnte – große und kleine, kurze und lange, braune, schwarze, weiße, gescheckte, gestreifte, rauhaarige, stockhaarige und glatthaarige.
Und Gott sah, dass sie gut waren. Sie gefielen ihm so gut, dass er sagte: „Ich möchte noch einen Hund schaffen, der das Allerbeste ist, einen besser, als all die anderen Hunde. Er soll alle Schönheit, Kraft, Schnelligkeit und Mut besitzen, vereint mit Loyalität, Adel, Wachsamkeit und Freundlichkeit."
So nahm der Herr weichen Ton, formte daraus den idealen Hund in der Gestalt eines Boxers. Nur die Nase unterschied sich nicht wesentlich von der der anderen Hunde.
Als Gott die Form zum Härten wegstellte, war er sehr zufrieden und sagte: „Wahrhaftig, dies ist der perfekte Hund!" Das hörte der Boxer und trug die Nase gleich ein bisschen höher.
Als er dann von dannen zog, sagte er zu den anderen Hunden: „Schaut mich an, ihr müsst alle zugeben, dass ich ein

viel besserer Hund bin als ihr." Die kleinen Hunde stimmten sofort zu, aber die großen Hunde waren nun ganz anderer Ansicht. Waren sie doch alle größer und stärker als der Boxer. Schnell gab ein Wort das andere, bis sich der Boxer voller Wut auf den größten Hund stürzte. Aber er hatte völlig vergessen, dass er noch immer weich war. Seine perfekte Nase wurde platt gedrückt, sein elegantes Gesicht war voller Falten. Gott, der dies alles mit angesehen hatte, lächelte und sagte: „Da du mein perfekter Hund bist, sollst du nur die Strafe bekommen, die du dir selbst zugefügt hast. Für alle Zeiten musst du dein Gesicht so tragen, wie du es dir heute selbst geschaffen hast."

Wer daran zweifelt, braucht nur seinen Boxer zu beobachten. Bis zum heutigen Tage begegnet der Boxer allen kleinen Hunden mit großer Höflichkeit. Aber den großen Hunden, ihnen hat er nicht vergeben! Und wenn sie ihn wieder provozieren, wird er sich immer noch voller Wut auf sie stürzen.

Seine raue Schale birgt ein gut Gemüt.

Immer guten Willen zeigt der Boxer nur.

„Sollt den Fremden hemmen sein gar streng Gesicht, wir das Auge kennen, aus dem Treue spricht."

Ruhig und ausgeglichen – eine eindrucksvolle Erscheinung!

Voll Kraft und Temperament.

WESEN

Verhalten und Charakter des Boxers sind bereits im Standard beschrieben. Aus gutem Grund. Denn Wesensgrundlagen sind genetisch vorgegeben. Bösartigkeit, Hinterlist, Unzuverlässigkeit, Mangel an Temperament, Feigheit werden zurecht als Fehler gebrandmarkt.

„Der Boxer soll nervenstark, selbstbewusst, ruhig und ausgeglichen sein. Sein Wesen ist von allergrößter Wichtigkeit und bedarf sorgsamster Pflege. Seine Anhänglichkeit und Treue gegenüber seinem Herrn und dem ganzen Haus, seine Wachsamkeit und sein unerschrockener Mut als Verteidiger sind von Alters her berühmt. Er ist harmlos in der Familie, aber misstrauisch gegenüber Fremden, heiter und freundlich beim Spiel, aber furchtlos im Ernst. Er ist leicht auszubilden vermögens seiner Bereitschaft zur Unterordnung, seines Schneides und Mutes, seiner natürlichen Schärfe und seiner Riechfähigkeit. Bei seiner Anspruchslosigkeit und Reinlichkeit ist er gleich angenehm und wertvoll in der Familie wie als Schutz-, Begleit- oder Diensthund. Sein Charakter ist bieder, ohne Falschheit und Hinterlist, auch im höheren Alter." Scheue, ängstliche Hunde sind den Anfor-

Immer zu einem Spiel aufgelegt.

Menschenbezogen und albern. Macht Boxerspucke schön?

derungen, die unsere Umwelt an sie stellt, oft nicht gewachsen. Sie werden mit uns nicht glücklich und wir nicht mit ihnen. Und u. U. werden sie zu einer Gefahr für sich und andere. Man denke nur an Angstbeißer. Die Voraussetzung für die Wesensbeurteilung ist eine möglichst umfassende Kenntnis der das Wesen bestimmenden Faktoren und Einflüsse.
Als Wesen eines Hundes bezeichnet man die Summe aller angeborenen und erworbenen körperlichen und seelischen Anlagen, Eigenschaften und Fähigkeiten, die das Verhalten zur Umwelt bestimmen, gestalten und regeln.
Wir haben allgemeine Anforderungen an den Hund. Ziel ist meist nicht der Hundesport oder die Ausstellung. Während bei Boxern, die als Gebrauchshund arbeiten sollen, Gehorsam, Verteidigung gegen Angreifer, Bewachen von Gegenständen, das Absuchen von Gelände oder einer Fährte etc. wichtig ist, wünschen uns für uns und unsere Familie oft einfach einen „guten Kameraden“, ein Familienmitglied, gut sozialisiert, mehr oder weniger gehorsam, leicht zu lenken und mit einwandfreiem Wesen.
Das widerspricht sich? Mitnichten!
Voraussetzungen, sowohl für das eine wie für das andere, sind ein mittleres Temperament, Wesenssicherheit, Unerschrockenheit, Furchtlosigkeit, vielleicht mit einem gewissen Grad erwünschter Schärfe, enge Bindung an seine Familie zusammen mit guter Führigkeit und guter Kombinationsgabe.
Absolut unerwünscht sind Angst, Scheuheit, Weichheit, Jagdtrieb und nur eine geringe Fähigkeit, sich an seinen Menschen zu binden.

Unsere Boxer sind temperamentvoll und sportlich. Sie haben viel Energie. Und zusammen mit dem muskulösen Körper macht ihn dies zu einem richtigen Kraftpaket. Sie suchen Besitzer, die ebenfalls gerne aktiv sind und Lust haben, sich ausgiebig mit dem Boxer zu beschäftigen und ihm eine Aufgabe zukommen zu lassen.
Nun gut, seine Vergangenheit als Helfer bei der Jagd auf gefährliches Wild – schließlich war er von Natur aus ein mutiger und furchtloser Hund – macht ihn gelegentlich etwas „stur". Blinder Gehorsam ist seine Sache nicht. Mit konsequenter und liebevoller Erziehung durch seine Menschen ist er aber gut zu führen. Auch wenn diese Menschen etwas Geduld und viel Humor haben müssen. Aber lieben wir nicht das am Boxer?
Der Boxer ist intelligent und neugierig. Er ist selbst als Senior oft noch sehr verspielt und albern. Er gibt lieber den Clown, als ernst zu sein. Wenn er seine Familie oder sein Heim jedoch bedroht sieht, versteht er keinen Spaß. Immerhin ist der Boxer sehr aufmerksam, selbstbewusst und bereit, zu beschützen, was er beschützen soll oder will.
Gegenüber Fremden darf er zunächst schon etwas skeptisch und vorsichtig sein, beispielsweise, wenn sich Unbekannte dem Grundstück nähern. Er ist durchaus wachsam. Schnell wird er aber freundlich, wenn er merkt, dass keine Bedrohung von jemandem ausgeht. Langes Alleinsein gefällt ihm gar nicht. Lieber ist er immer und überall dabei. Er ist sehr geduldig und für fast jeden Blödsinn zu haben, den sich seine zweibeinigen Freunde ausdenken.
Heutzutage hat der Boxer sogar etwas von dem manchmal leicht grimmigen Ausdruck seiner Altvorderen verloren. Er ist ein fröhlicher, meist freundlicher Hund geworden, der auch schnell lernt, wer seiner menschlichen Familienmitglieder wie zu handhaben ist. Aber Vorsicht und gut aufpassen, wer hier wen erzieht! So ein Boxer ist ein Meister darin, das „nein" seiner Menschen in ein „ach, was soll's" zu verwandeln.
So temperamentvoll und bewegungsfreudig ein Boxer auch ist, zuhause ist er ein angenehmer Hund, der durchaus die Bequemlichkeit der heimischen menschlichen Sitzgelegenheiten und sonstigen Möbel zu schätzen weiß.

Wie sagt man? „Eigentlich waren wir Wölfe – wild und verwegen. Und dann haben wir festgestellt, dass ihr Sofas habt."

Im Haus sind Boxer ruhig und ausgeglichen. Sie wissen ein Sofa zu schätzen.

Boxerwelpen nehmen immer gerne einen Schluck aus der „Milchbar".

ZUCHT

Der Boxer wird in einem der ältesten deutschen Rassehundezuchtvereinen gezüchtet. Der erste Rassestandard, in dem die gewünschten körperlichen und charakterlichen Eigenschaften beschrieben sind, wurde bereits 1902 erstellt.

Diese Visionen, die die Rassepioniere hatten, versuchten die Boxer-Züchter im Laufe der Jahre und (Hunde-)Generationen zu verwirklichen. Neben der Zucht eines schönen und wesensfesten Boxers sind die Züchter des Boxer-Klubs bemüht, gesunde Hunde mit hoher Lebenserwartung zu züchten. Dazu werden die Zuchtbestimmungen des Klubs ständig den neuesten Erkenntnissen der Kynologie angepasst.
Die prinzipielle Voraussetzung für jede Zuchtverwendung ist natürlich die Gesundheit beider Zuchtpartner. Die Zuchttiere des Boxer-Klubs (ebenso wie alle im VDH gezüchteten Rassehunde) müssen eine ganze Reihe an Voraussetzungen erfüllen.

ZUCHTTAUGLICHKEIT

Boxer, mit denen gezüchtet werden soll, müssen zunächst eine Zuchttauglichkeitsprüfung erfolgreich ablegen. Dabei wird einerseits das Exterieur, also das das Erscheinungsbild des Boxers, auf eine möglichst große Nähe zum Rassestandard (siehe dazu Umschlagklappe hinten) überprüft. Andererseits erfolgt eine Wesensüberprüfung.
Es muss sichergestellt werden, dass weder ängstliche noch aggressive Tiere zur Zucht verwendet werden. Auf die Erhaltung des boxertypischen Wesens – gutartig, ausgeglichen, selbstbewusst – wird besonderer Wert gelegt. Wir sprachen schon darüber.

Zufrieden, wohlgenährt und neugierig = glückliche Welpen.

Aber auch sonst wird der Boxer auf „Herz und Nieren“ geprüft. So ist auch eine erfolgreich absolvierte Ausdauerprüfung (AD) Voraussetzung zur Zuchtverwendung. Dabei muss der Boxer 20 km am Fahrrad laufen. Der Zweck der AD ist es, den Beweis dafür zu liefern, dass der Hund imstande ist, körperliche Anstrengung eines bestimmten Grades zu leisten. Er soll das ohne erhebliche Ermüdungserscheinungen ableisten können. Bei der Anatomie des Hundes kann die geforderte Anstrengung nur in Laufleistung bestehen. Diese stellt erhöhte Anforderungen nicht nur an Herz und Lunge sowie den Bewegungsapparat selbst dar, sondern bei der AD werden auch andere Eigenschaften wie Temperament und Härte gefragt. Die mühelose Bewältigung dieser Leistung müssen wir als Beweis für die körperliche Gesundheit und das Vorhandensein der von uns gewünschten Eigenschaften ansehen. Selbst in den Hochzeiten der Diskussionen um Brachyzephalie waren Boxer eigentlich nicht betroffen. 20 km am Fahrrad zu traben verlangt dem Organismus eben schon etwas ab. Und oftmals dem Boxer weniger als seinem Fahrradfahrer.

Desweiteren darf nur mit Boxern gezüchtet werden, die auf vererbbare Herzkrankheiten, Spondylose und Hüftgelenksdysplasie untersucht sind. Die Verpaarungen dürfen nur unter Einhaltung bestimmter Regularien erfolgen, die in der Zuchtordnung festgeschrieben sind. Moderne Methoden der Tierzucht, wie z. B. die Zuchtwertschätzung für bestimmte Merkmale, finden Verwendung. Boxerzüchter unterscheiden zwischen Reinzucht und Linienzucht. Inzucht muss ausführlich begründet werden und bedarf einer Ausnahmegenehmigung, Inzestzucht ist verboten. Natürlich kann es trotz aller Bemühungen und großer Gewissenhaftigkeit bei der Zuchtplanung passieren, dass das Ergebnis der züchterischen Bemühungen nicht ganz so ausfällt, wie der Züchter es sich gedacht hatte. „Mutter Natur“ spielt eben oft auch ihr eigenes Spiel.

Und zu guter Letzt – Boxer sind eben Gebrauchshunde – muss mindestens ein Elternteil eine entsprechende Leistungsprüfung

abgelegt haben. Diese Kriterien gelten für alle Boxerverpaarungen. Eine Aufteilung in Leistungs- und Schaulinien, wie bei anderen Rassen gelegentlich üblich, gibt es beim Boxer nicht.
Auch Farbzucht gibt es beim Boxer nicht. Die Zuchtpartner sind gelb oder gestromt. Aus diesen Verpaarungen werden gelbe, gestromte oder weiße Welpen geboren. Wobei die Weißen keineswegs Albinos sind, sondern eigentlich Schecken, deren Scheckung sich über den gesamten Körper ausgebreitet hat. Zeigen Gelbe und Gestromte nicht selten attraktive weiße Abzeichen, so fallen Schecken oft dadurch auf, dass ein bisschen der ursprünglichen Farbe hervorblitzt. Ein schwarzes Monokel z. B., oder gelbe Ohren. Auffallende Erscheinungen, die ihre Liebhaber finden.
Allenfalls unterscheidet man nach „Körzucht", wenn beide Elterntiere die Eignungsprüfung für die Körung bestanden haben. „Leistungszucht", wenn Eltern und Großeltern eine Gebrauchshundeprüfung bestanden haben und „Kör- und Leistungszucht", wenn die Voraussetzungen der Körzucht und der Leistungszucht gegeben sind.

Boxer müssen ohne erhebliche Ermüdung körperliche Leistungen erbringen.

Man sieht ihnen an, dass Bewegung Spaß macht.

Im Zuchtbuch waren die ersten Boxer weiß, gestromt und gelb.

Weiße Boxer dürfen aktuell in Deutschland nicht in der Zucht verwendet werden.

ZUCHTKONTROLLE

Alle Verpaarungen unterliegen der ständigen Kontrolle durch geschulte Zuchtwarte. Züchter im Zuchtverband müssen vor dem ersten Wurf einen Antrag auf Zwingerschutz stellen. Die zukünftige Zuchtstätte wird vom zuständigen Zuchtwart geprüft. Anlässlich dieser Zwingererstbesichtigung muss der potenzielle neue Boxerzüchter seine Sachkunde zu Zuchtfragen durch einen schriftlichen Test nachweisen. Es ist seitens der Zuchtwarte zu überprüfen, ob die Haltung der Zuchthunde artgerecht ist.
Bei den allermeisten Boxerzüchtern wird mit einer oder zwei Zuchthündinnen gezüchtet, wobei auch die Rentnerinnen meist bis zu ihrem Tod in ihren Familien bleiben. Zwingerhaltung mit Freilauf und menschlicher Zuwendung ist zwar erlaubt, aber im Allgemeinen leben die Hündinnen, ebenso wie später die Mütter, mit ihren Welpen im Haus. Die Welpenstatistik des VDH weist ca. 1700 Boxerwelpen pro Jahr in den letzten 10 Jahren aus.

GESCHICHTE DER BOXERZUCHT

Wie gesagt, bereits im Jahr 1895 erfolgte die Gründung des Boxer-Klubs, der heute als „Boxer-Klub e. V. – Sitz München, im Verband für das Deutsche Hundewesen (VDH)“ firmiert. Im VDH wird ein zweiter Boxerzuchtverband geführt, der IBC.
Im Jahr 1902 wird schon der 1. Standard des Deutschen Boxers festgeschrieben. 1905 werden schwarze Boxer ausgeschlossen. Heute weiß man, dass es Boxer mit schwarzem Fell genetisch nicht gibt. Zwischen dem 1. und 2. Weltkrieg werden auch die Weißen und Schecken aus der Zucht ausgeschlossen. Und das sind sie bis heute. Galten damals noch uns inzwischen unverständliche Regeln, werden weiße Welpen heute genauso liebevoll und sorgfältig aufgezogen wie ihre gelben und gestromten Geschwister. Sie erhalten Ahnentafeln und nehmen am Hundeleben teil. Nur züchten darf man noch nicht mit ihnen. Wir

Man sieht schon, was aus der kleinen Boxerhündin mal werden will…

wissen heute, dass das Weiß des Felles lediglich eine extrem ausgebreitete Scheckung ist. Der erste Standard gilt im Wesentlichen bis heute. Der Boxer wird als Diensthund ausgebildet, im Jahr 1921 legen die ersten drei Hunde in Jena erfolgreich die Polizeihundeprüfung ab. Drei Jahre später wird der Boxer offiziell als Diensthund anerkannt. Und das ist er auch heute noch.
In den Irrungen und Wirrungen der Weltkriege und in den Zeiten dazwischen und danach beutelt es die Boxerzüchter und den Boxer-Klub natürlich, wie so viele andere Vereine auch. 1951 erfolgt dann die Neugründung des Boxer-Klubs mit Landesgruppen, Gruppen, neuer Satzung und einheitlichem Beitrag. Es läuft wieder „in geordneten Bahnen“. Ausbildung und Zucht richten sich an den neuesten Erkenntnissen und gesetzlichen Vorschriften aus. Allgemein verbindliche Zuchtbestimmungen für Gebrauchshunde traten in Kraft. Peu-à-peu schuf man Regeln und Ordnungen zum Schutz der Zuchttiere, wie der gesamten Population.
Ein Zucht-Mindestalter für Rüden und für Hündinnen wurde festgelegt.
Röntgen der Hüften der Zuchthunde wurde generell Pflicht zur Bekämpfung der Hüftgelenksdysplasie. Die Welpen mussten vor der Abnahme durch einen Zuchtwart tätowiert bzw. heute gechippt werden. Seit 1987 dürfen die Ohren nicht mehr kupiert werden, seit 1998 auch die Ruten nicht mehr. Es hat dem Boxer nicht geschadet.

AHNEN

Vier Boxer sind die Ahnen unserer heutigen Hunde. Flock St. Salvador, ein gelber Rüde, der bereits den „modernen“ Kopftyp aufwies, Wotan 46, ein gestromter Rüde mit einem Gebäude, das schon den Typ der Zukunft erahnen ließ sowie die gescheckte Hündin Meta v. d. Passage und die gelbe Mirzel 44. Noch heute kennt man das geflügelte Wort: Die Gelben zeigen das gute Gebäude, die Gestromten den Kopftyp.

ANATOMIE DES BOXERS

Unsere Boxer sind ausgesprochene Energiebündel. Athleten, die selbstverständlich ihren natürlichen Anlagen gemäß beschäftigt, trainiert, ausgelastet werden wollen und müssen, damit sie mit uns und wir mit ihnen glücklich werden. Ein paar Grundkenntnisse gehören auch auf diesem Gebiet dazu.

DER KÖRPERBAU

Die Anatomie seines Hundes sollte dem Hundehalter also bekannt sein, denn auch durch diese kann er sich ein Bild vom Leistungsvermögen seines Boxers machen. Was nun ist darunter zu verstehen?
Anatomie ... Die Lehre vom Bau der Körperteile. Die Kenntnis der Anatomie ist eine Voraussetzung für die richtige Interpretation des Standards. Der Verwendungszweck eines Hundes hat großen Einfluss auf den Körperbau der Rasse.
Anatomie ist der Überbegriff für Aufbau und Struktur des, in diesen Fall: hundlichen, Körpers. Hier soll und kann natürlich nur ein kurzer Überblick erfolgen, der uns bei Haltung und Pflege unseres Boxers hilfreich sein sollte.
Auch wenn im Wesentlichen alle Hunde gleich gebaut sind, gibt es doch äußerlich enorme Unterschiede. Man muss nur einmal die Körpergrößen vergleichen. Die Dogge und den Mops, bleibt man mal bei den Molossoiden. Dementsprechend unterscheiden sich natürlich auch die einzelnen Organe in ihrer Größe.
Oder betrachten wir Fellfarbe, -länge und -qualität. Lange oder kurze Beine, brachycephal (kurzköpfig) oder dolichocephal (langköpfig), stehende Ohren oder Schlappohren – allen gemeinsam ist nur die Anatomie, sowie die Tatsache, dass es sich um einen Hund handelt.
Einige rassetypische Unterschiede, die den Rassehund vom Urvater Wolf unterscheiden, gibt es aber auch beim Boxer.

KNOCHENBAU

Das Skelett bildet das Stützgerüst des Hundes. Es wird von Knochen gebildet, die dem Körper Halt geben, das Gewicht tragen, den Ansatz für die Muskeln bieten und die inneren Organe schützen. Es ist passiv und ermüdet nicht. Knochen wachsen ungefähr bis zur Pubertät, aber das Wachstum ist möglich, solange die Epiphysenfugen nicht geschlossen sind. Natürlicherweise wird der Verschluss dieser Epiphysenfugen durch Geschlechtshormone in der Pubertät verursacht. (Hier schon der erste „Nutzen“: Achtung bei Vitamin D-Überdosierung!)

Mit allen vier Pfoten mitten im Leben.

Miteinander verbunden werden diese Knochen durch Gelenke. Knochen, Gelenke und Muskulatur bilden zusammen den Bewegungsapparat des Hundes. Die Muskulatur ist aktiv. Sie ermüdet.
Knochen sind ein stark mineralisiertes und dennoch hoch aktives Gewebe. Wir finden Röhrenknochen in den Extremitäten, platte Knochen in Schulter und Schädel sowie kurze Knochen, wie z. B. die Wirbelkörper. Während der Fetalphase – also im Mutterleib – werden die Langknochen als knorpelige Vorstufe angelegt. Nach der Geburt beginnt die Verknöcherung etwa in der Mitte des knorpeligen Schaftes und breitet sich langsam zu den Knochenenden aus. In den ersten 6–7 Lebensmonaten finden 90 % des Längenwachstums statt. Wenn man das weiß, wird auch klar, mit wie viel Sorgfalt man einen jungen Boxer füttern und bewegen muss, um einen gesunden Erwachsenen aus ihm zu machen. Könnte doch bei groben Ernäh-

Ein ausdrucksstarkes Boxergesicht.

rungsfehlern – z. B. beim Barfen ohne ausreichenden Sachverstand – u. U. eine Osteochondrose entstehen, eine Knorpelabsplitterung bei mangelnder Versorgung des Gelenkknorpels in, z. B. der Schulter, die zu Ablagerungen und damit zu Schmerzen und Lahmheit führen kann. Ein einmal geschädigter Knorpel kann beim erwachsenen Hund nicht wieder repariert werden. Da geht es den Hunden wie den Menschen. Wir unterteilen das Skelett in den Kopf, den Rumpf und die Extremitäten. (So wird unser Boxer auch bei einer Ausstellung betrachtet.)

KOPF UND ZÄHNE

Der Boxer gehört zu den brachycephalen Rassen. Er hat einen kurzen Kopf mit dem typischen Stop und Stulp.
Das Gebiss eines ausgewachsenen Hundes hat 42 Zähne. In Unter- und Oberkiefer jeweils 6 Schneidezähne (Incisivi), 2 Fangzähne (Canini), mit denen der Hund seine Beute greifen und festhalten kann, 8 vordere Backenzähne (Praemolaren) und 5 hintere Backenzähne (Molaren). Die Zahnformel für den Oberkiefer: 3–1–4–2 und für den Unterkiefer: 3–1–4–3. Als Reißzähne fungieren nicht die oft so bezeichneten, deutlich sichtbaren Canini, sondern der 4. Praemolar oben und der 1. Molar unten. Mit diesen Zähnen ist der Hund in der Lage, zähe Gewebeteile seiner Beute scherenartig abzutrennen.
Das Milchgebiss hat 28 Zähne. Der 1 Praemolar und alle Molaren werden nicht gewechselt. Sie kommen erst im Erwachsenengebiss dazu.
Der Boxer ist Vorbeißer, während die Urform Wolf – und viele andere Hunderassen – ein Scherengebiss aufweist. Ein Rückbiss ist bei jeder Hunderasse fehlerhaft. Der Kopf hat lediglich ein Gelenk. Die Knochen des Kopfes sind miteinander verwachsen.

RUMPF UND EXTREMITÄTEN

Die Knochen des Rumpfes und der Extremitäten sind mittels Gelenken miteinander verbunden. Je nach Verwendung finden wir Kugelgelenke, die sich in alle Richtungen bewegen, wie z. B. das Hüftgelenk. Wir finden Zapfen-, Ellipsoden-, Scharnier-, Schrauben und Sattelgelenke.

Quadratisch, praktisch, gut!

Beim Rumpf fällt das Augenmerk zuerst auf den Brustkorb. Gebildet aus Rippen und Rippenknorpel, Brustwirbelsäule, Muskulatur und Brustbein. Hier sitzen die lebenswichtigen Organe Herz und Lunge.
Das Schulterblatt liegt weit vorne am Brustkorb und passt sich diesem an. Nah am Körper bedeutet auch nah am Körperschwerpunkt. Und je näher es am Körper liegt, desto ökonomischer ist die Bewegung. Das Schulterblatt hängt – quasi – in Muskelschlingen. Diese Muskeln halten und drehen es. Die Winkelung des Schulterblattes ist unabhängig von der Gangart immer gleich. Zu starke Muskulatur hier drückt das Schulterblatt vom Körper weg, zu wenig Muskeln führen zu losen Schultern.
Das Schlüsselbein des Hundes ist nur noch rudimentär, erfüllt aber im Kräftespiel der Schultergürtelmuskulatur immer noch seine Rolle.
Der Brustkorb hat 13 Rippenpaare, die mit dem Brustbein verbunden sind. Die Wirbelsäule stützt den Körper und macht ihn beweglich. Sie ist die Verbindung zwischen Vor- und Hinterhand, trägt den Kopf, schützt das Rückenmark und dient mit ihren Bandscheiben als „Stoßdämpfer“. Sie hat beim Hund 30 Körperwirbel und 16 – 22 Wirbel in der Rute, die ja schon lange nicht mehr kupiert wird. (Mal abgesehen von manchen ausländischen Boxern, in deren Herkunftsland das Kupieren noch erlaubt ist.)
Wir haben 7 Halswirbel, 13 Brustwirbel, 7 Lendenwirbel, 3 miteinander verwachsene Kreuzbeinwirbel und die Schwanzwirbel. Beim Boxer ist der Lendenbereich kürzer als bei seiner Urform. Hier entsteht der kraftvolle Schub.
Während die Hinterhand mit dem Kreuzbein verwachsen ist, geht die Vorhand keine starre Verbindung mit der Wirbelsäule ein. Die Vorder- und Hinterextremitäten wirken anatomisch in etwa gleich, funktionell sind sie aber durchaus verschieden. Die Hinterhand entspricht unserem Bein, die Vorhand aber keineswegs unserem Arm. Hunde sind Zehengänger.

Dynamisch in der Bewegung

Der Schub kommt aus der Hinterhand.

DER BEWEGUNGS-APPARAT

Hier unterscheidet man zwischen dem „Geschwindigkeitstyp", wie es z. B. ein Windhund ist, und dem „Krafttyp". Unser Boxer gehört zum Letzteren. Boxer sind Ausdauerläufer. Hier liegt beim Boxer in der Bewegung viel Gewicht auf der Vorhand. Der Schub kommt aus der Hinterhand, wobei das Hüftgelenk die Hauptlast trägt. Kein Wunder, dass auf gesunde Hüften größter Wert gelegt werden muss.
Im Bereich der vorderen Extremitäten kommt dem Schulterblatt die wichtigste Bedeutung zu. Zweidrittel des Vortritts kommt aus der Schulter. Bei einer fehlerhaften Schulter fällt der Hund stärker auf die Vorhand. Man findet bei Störungen in der Bewegung oft den Fehler in der Schulter.
Dass Bewegung auch einen großen Teil der hundlichen Kommunikation ausmacht, dass wissen besonders die Boxerbesitzer. Man muss nur seinen Boxer beobachten, wenn er aus Begeisterung oder zur Begrüßung mit dem ganzen Körper „wedelt". Gut zu sehen auch beim rassetypisch athletischen, körperbetonten Spiel der Boxer.
Die Muskulatur ist der aktive Teil des Bewegungsapparates. Muskeln können sich verkürzen und wieder erschlaffen. Sie arbeiten antagonistisch. Hier finden auf molekularer Ebene die krafterzeugenden Prozesse statt. Die Muskelmasse unseres Boxers beträgt ca. 50 % des Gesamtgewichtes des Hundes, die Knochen ca. 12 %.
Da Boxer Ausdauerläufer sind, werden sie beim Laufen nicht müde. Allerdings geht das zu Lasten der Sprintfähigkeit, die ihre Wolfsahnen zur Hetzjagd noch brauchten. Nichtsdestotrotz ist ein gesunder Boxer in den besten Jahren seinem Menschen überlegen.
Eigentlich ist Bewegung recht einfach. Im Stand ist der Körper im Gleichgewicht. Er wird aus dem Gleichgewicht gebracht. Der Schub dazu kommt aus der Hinterhand.
Er wird über den Rücken weitergeleitet und die Vorhand fängt den Körper wieder auf.
Natürlich meint Bewegung nicht nur Fortbewegung, sondern auch alles andere. Soziale Interaktionen, liegen, kratzen etc.

GANGARTEN

Unsere Hunde verfügen über vier Gangarten. Da wäre zunächst der der Schritt. Er ist die langsamste Art, sich fortzubewegen. Der Boxer (und jeder andere Hund auch) bewegt sich im 4-Takt. Der Schritt hat die engste Verbindung mit dem Boden. In der Schwingphase wird der Kopf gesenkt, beim Stützen wieder gehoben, die Fußspur der Hinterpfote tritt in die Fußspur der Vorderpfote. Es ist eine kraftsparende, ausdauernde Gehweise. Dann kommt der Trab. Er ist eine 2-Takt-Gangart. Der linke Vorderfuß agiert im Gleichklang mit dem rechten Hinterfuß. Auch das ist eine kraftsparende Art der Fortbewegung. Gleichzeitig sieht man hier sehr gut die Vorzüge und Nachteile unseres Boxers. Die Schulter- und Kruppenlage, die Winkelungen und Proportionen, die Qualität der Muskeln und Bänder.

Eine weitere 2-Takt-Gangart ist der Passgang. Die Extremitäten einer Körperseite werden gleichzeitig benutzt. Ein Schongang, der den Körper entlastet. Der Körperschwerpunkt wird nicht diagonal sondern einseitig gestützt und daher über die Mittellinie hin- und hergeschoben. Manchmal nötig, manchmal nur eine Angewohnheit, aber beim Boxer nicht gern gesehen, besonders bei Ausstellungen.
Last not least der Galopp. Er ist die schnellste Gangart des Hundes und normalerweise ein Sprunggalopp. Eine 3-Takt-Gangart. Die Hinterläufe des Hundes schnellen so weit nach vorne, dass sie zwischen den Vorderläufen landen. Der ganze Rumpf krümmt sich und wird von den Vorderläufen aufgefangen. Um diese nach vorne gerichtete Kraft zu mindern, setzt der Hund nun die beiden Vorderläufe vorwärts.

Galopp ... Lebensfreude pur!

Die Zukunft fest im Blick. Und sicher auch das Geschwisterchen für den nächsten spielerischen Überfall.

SINNE

Hunde und Menschen haben zwar einerseits die gleichen Sinne, aber andererseits sind hier die Gewichtungen verschoben. Während der Mensch seine Umwelt im Wesentlichen über die Augen wahrnimmt, spielen diese beim Hund im Verhältnis zu anderen Sinnen nur eine untergeordnete Rolle.

SEHEN

In der Netzhaut des Auges ermöglichen verschiedene Zellen das Sehen: die Stäbchen und Zäpfchen. Die Zäpfchen eignen sich nur für das Sehen bei großer Helligkeit und vermitteln die Fähigkeit, Farben zu erkennen. Die Stäbchen führen dazu, dass man auch noch bei sehr geringem Licht ein Bild sieht, wenn auch nur in schwarz-weiß. Der Hund hat – im Gegensatz zum Menschen – relativ wenige Zäpfchen.

Nach wie vor stellt sich hier die Frage, inwieweit Hunde Farben sehen. Mittlerweile wurde jedoch anhand verschiedener Studien herausgefunden, dass das Farbensehen der Vierbeiner ähnlich ausgeprägt ist wie bei Menschen, die an einer Rot-Grün-Sehschwäche leiden. Hunde können daher z. B. keine roten Farbtöne wahrnehmen. Die Farben Gelb, Grün, Türkis, Blau und Violett können sie jedoch sehen.

Dafür hat der Hund aber sehr viele Stäbchen. Der Hund sieht also in der Dämmerung erheblich besser als der Mensch. Außerdem gibt es im Auge unseres Hundes eine Schicht reflektierenden Gewebes hinter der Netzhaut, ein Erbe seines nachtaktiven Urvaters Wolf. Diese Schicht wirft das Licht, das durch die Netzhaut gelangt, noch einmal auf sie zurück, so dass das wenige Licht doppelt genutzt werden kann. Das Gesichtsfeld des Hundes ist um 30 – 50 Grad größer als das des Menschen, dessen Augenachsen parallel stehen. Dafür kann er wesentlich besser und weiter Bewegungen erkennen als wir Menschen.

HÖREN

Auch die Ohren hören anders als die menschlichen. Hunde hören Töne von 60.000 Hertz und mehr, unsere versagen ab etwa 21.000 Hertz. Auch kann das Hundeohr die Richtung eines Geräusches besser erfassen. Die Stehohren des Wolfes sind über viele Muskeln in alle möglichen Richtungen zu wenden, etwa wie ein Richtmikrofon. Die Schlappohren unserer Boxer mögen vielleicht ein bisschen benachteiligt sein, weil der Gehörgang für die Schallwellen nicht so frei zugänglich ist und die Verstärkerfunktion der Ohrmuschel fehlt, dennoch entgeht ihm so leicht nichts. Seine Fähigkeiten als Wächter von Haus und Hof beruhen auf dieser Fähigkeit.

TASTEN

Der Tastsinn des Hundes, z. T. auch als Hautsinn bezeichnet, vermittelt Schmerz, Temperatur- und Berührungsreize. Besonders empfindsam ist der Bereich der Schnauze und der Pfotenballen. Am restlichen Körper kann der Hund wohl Berührungen wahrnehmen, sie aber nicht genau differenzieren. Das Wärme-Kälte-Gefühl ist aufgrund der Behaarung nicht so ausgeprägt wie beim Menschen. Trotzdem kann der Hund Temperaturen gut unterscheiden.
Der Hund hat, wie Menschen auch, Geschmacksknospen auf der Zunge. Sein Geschmackssinn ist ähnlich gut ausgeprägt wie der des Menschen. Er ist mit dem Geruchssinn gekoppelt. Nicht selten sieht man, dass Hunde interessante Gerüche „auflecken", um sie zu verstärken und zu identifizieren.

RIECHEN

Der wichtigste Sinn des Hundes aber ist der Geruchssinn. Er ist wie seine Vorfahren ein Nasentier geblieben. Im Laufe der Entwicklung vom Wolf zum Haushund sind die Anforderungen an den Geruchssinn der einzelnen Rassen unterschiedlich geworden. So ist denn auch das Witterungsvermögen nicht bei allen Rassen gleich stark entwickelt. Wir finden inzwischen viele Spezialisten.
Der Geruchssinn spielt im Leben des Hundes eine Rolle, die wir Menschen uns nicht vorstellen können. Der Hund erlebt seine Umwelt hauptsächlich in „nasalen Bildern".
Das Innere der Hundenase wird von der Riechschleimhaut überzogen, die um ein Vielfaches komplizierter gestaltet ist als beim Menschen und dadurch auch eine wesentlich größere Fläche einnimmt. Der Nasenschwamm wird durch seitlich liegende Nasendrüsen immer feucht gehalten, so dass der Hund sich an Luftströmungen orientieren kann.
Das geruchliche Differenzierungsvermögen erreicht eine unglaubliche Feinheit: 0,002 g Rindfleisch-Presssaft oder 0,005 g Hündinnenurin werden wahrgenommen und identifiziert. Buttersäure kann der Hund in einer millionenfach geringeren Konzentration als der Mensch riechen.
Wir machen uns diese Fähigkeit in vielen Bereichen zunutze. Bei der Jagd, beim Einsatz als Rettungshund, bei der Suche nach Vermissten oder auch in der Fährtenarbeit der Sporthunde oder in Suchspielen in Haus und Garten.

Fährtensuchen – eine Aufgabe für alle Hunde.

PASST EIN BOXER ZU MIR?

— *Was es zu bedenken gibt*

Einen Boxer im Hause zu haben, stellt Herrchen oder Frauchen vor die Frage, ob sie auch wirklich Boxer geeignet sind. Herausforderungen, die es zu meistern gilt, wenn Sie sich für einen Boxer entscheiden.

Sie haben sich in die Rasse Boxer verliebt? Kein Wunder, wer kann diesen Augen widerstehen?
Das erste Jahr mit Ihrem Boxer zählt mit Abstand zu den schönsten, ereignisreichsten und nervigsten in Ihrem Leben, bis Sie Ihren Boxer gesellschaftstauglich erzogen haben. Das Gassigehen ohne großes Gezerre an der Leine zu bewältigen, ist für einen Boxer und dessen Besitzer schon eine große Leistung. Seine im wahrsten Sinne des Wortes, ungebremste Neugier zwingt den Boxer immer wieder dazu, allem, was interessant erscheint, entgegenzuspringen. Dabei spielt es keine Rolle, ob es sich um Personen, andere Hunde oder einen Heuballen handelt.
Ein Boxer ist temperamentvoll und fordernd. Er will Beschäftigung. Er will seine Neugier und seinen Bewegungsdrang ausleben. Im Idealfall sind Sie sportlich veranlagt, gut zu Fuß und standfest.

Ganz wichtig für junge Boxer: Vollgas rennen.

Was gibt es heute Neues?

Immer beliebt: Hol- und Bringspiele.

Wer ruft da?

Gerne wird er Sie bei Ihren Joggingrunden und Wanderungen begleiten. Richtig erzogen ist der Boxer ein geduldiger Shoppingbegleiter.
Ihr Boxer wird sich freuen, wenn Sie ihn regelmäßig auf einem der vielen Boxerhundeplätze sportlich arbeiten lassen.
Sie haben die Zeit und Muße, auch an Schlechtwettertagen Ihren Boxer über die Felder rennen zu lassen. Sie verfügen über einen Platz, an dem der dreckbespritzte Boxer abgeputzt und somit wohnungstauglich gemacht werden kann.
Es stört Sie nicht, dass Ihr Hund Sie auf Schritt und Tritt begleiten will. Da ist ihm kein Ort heilig. Geschlossene Türen öffnet er gerne unaufgefordert. Sie werden schnell merken, dass es für die Türen schonender ist, wenn diese offen stehen. Gibt es Räume, die der Boxer nicht betreten soll, muss ihm dies sofort und unmissverständlich klar gemacht werden.
Sie finden es toll, abends auf dem Sofa Ihre eigenen Beine, zu Gunsten der Bequemlichkeit Ihres Boxers, anzuziehen.
Und zu guter Letzt müssen Sie damit leben können, dass jeder Ihren Boxer streicheln will, da schon Oma, Opa, Onkel, Tante oder die Eltern einen Boxer hatten.
Wenn all diese Auflagen Ihnen nicht zu viel erscheinen, werden Sie viel Freude mit einer unvergleichlichen Rasse haben.

Der Lieblingsplatz der Boxer: mittendrin statt nur dabei.

ÜBERLEGUNGEN VOR DEM KAUF

Natürlich wünscht sich jeder Hund, ganz rasseunabhängig, ein Haus mit großem Garten. Aber darüber hinaus gibt es noch mehr Fragen, die Sie sich stellen sollten, bevor Sie sich auf die Suche nach einem Boxer machen.

Ist das Grundstück sicher eingezäunt? Es gilt zu verhindern, dass Ihr Boxer ausbüxt. Desweiteren sind Besuche fremder Hunde auszuschließen. Dies gilt besonders, wenn die Hündin läufig ist. Stadtwohnungen im dritten Stock ohne Aufzug sind zur Hundehaltung gänzlich ungeeignet. Ständiges Treppen-abwärts-Steigen ist für Boxer aus gesundheitlichen Gründen zu vermeiden. Ist der Vermieter mit der Hundehaltung einverstanden? Auch wenn der Hund schon eingezogen ist, kann ein Bleiberecht für Hund und Herrchen nicht erzwungen werden. Muss es dennoch ein Boxer in der Stadt sein, fragen Sie sich, ob ein geeignetes Gelände für den täglichen Spaziergang in erreichbarer Nähe ist. Dies wird Ihre Zufriedenheit und das Glück mit dem neuen Hausgenossen wesentlich beeinflussen. Der unvermeidbare Spaziergang gestaltet sich so stressfrei.

WICHTIGE FRAGEN

1. **Ist der Schritt, sich einen Hund anzuschaffen, gut und lang überlegt?**
   Sie haben beste Erfahrungen mit dem gut ausgebildeten und erzogenen, sozialisierten und stubenreinen Boxer von einem Freund oder Verwandten gemacht? Sie werden schnell feststellen, dass es ein weiter, anstrengender Weg ist, einen Hund in diese Ausganglage zu bringen. Sie wollen und können die Zeit und Energie aufbringen, den Boxer zu erziehen?

2. **Ist die ganze Familie mit der Anschaffung eines Boxers einverstanden?**
   Niemals sollten der Partner oder die Kinder gegen eine solche Entscheidung sein. Damit alle denselben Spaß am und mit dem Boxer haben, müssen alle Beteiligte mit dem neuen Mitbewohner einverstanden sein. Nur so wird ein friedliches Familienleben bestehen bleiben.
   Ist geklärt, wer, wann, welche Aufgaben für und mit dem Hund unternimmt? Kinder möchten gerne einen Hund, wer wollte das in seiner Jugend nicht auch? Allerdings muss von vornherein klar sein, dass die Anschaffung eines Boxers für ein Kind nicht möglich ist. Die Verantwortung für den Boxer, dessen Pflege und auch Bewegung wird immer bei den Eltern des Kindes liegen. Schon körperlich stellt ein Boxer in Kinderhand möglicherweise eine unberechenbare Konstellation dar.

3. **Sind die Kinder verständig genug für einen Hund?**
   Das zunächst zusätzliche „Kind" Boxer kann schnell zur Belastung werden.
   Von kleinen Kindern kann nicht erwartet werden, dass sie den Boxer und dessen Körpersprache auf Anhieb verstehen.
   Ein Hund ist auch keine, ständig und bei Bedarf zur Verfügung stehende, Spielekonsole. Der Boxer hat ein Recht auf Ruhe und Erholungsphasen.
   Manchmal wird es selbst einem Boxer zu bunt und die Kinder müssen akzeptieren, dass der Boxer in seinem Körbchen in Ruhe gelassen werden muss.

Beim Joggen muss man nicht alleine sein.

Beschäftigung ist ein wesentlicher Baustein für ein zufriedenes Hundeleben.

4. **Lässt meine angedachte Zukunftsplanung Raum für einen Hund in den nächsten 10–12 Jahren?**
   Ist eine berufliche und/oder räumliche Veränderung in näherer Zukunft zu erwarten? Planen Sie längere Auslandsaufenthalte zum Zwecke der beruflichen Weiterbildung? Kann ein Boxer den Wandel miterleben oder wird er zur Belastungsprobe? Soll Ihr Hund für den Auslandsaufenthalt anderweitig unterkommen, klären Sie diesen Gedanken mit der betreuenden Person. Verlassen Sie sich nicht darauf, dass jemand Ihren Hund schon nehmen wird.

5. **Habe ich tatsächlich genügend Zeit, für einen temperamentvollen, bewegungsfreudigen Boxer?**
   Vollzeit berufstätig zu sein und Hundehaltung passen einfach nicht zusammen. Anfahrt und Heimfahrt sind mit zu berechnen. Morgens deutlich früher aufstehen und zuerst mit dem Hund raus! Nach getaner Arbeit sind Sie erledigt. Ihr Boxerfreund dagegen ist frisch und ausgeruht. Sind Sie bereit, dann noch den Bedürfnissen Ihres Vierbeiners, in Form eines ausgedehnten Spazierganges, gerecht zu werden?
   Länger als 4 Stunden sollte auch ein erwachsener Hund nicht alleine bleiben müssen. Das Argument, dass Wölfe in der Natur viele Stunden schlafen, greift für unsere domestizierten Hunde nicht. Das Leben für unsere Boxer ist deutlich ruhiger und leichter als in der Wildnis. Das Fressen findet sich zu geregelten Zeiten im Napf und muss nicht kräftezehrend gejagt werden. Der Bau ist immer kuschelig warm. Es muss kein Schlafplatz gesucht werden. Der Schlaf ist entspannt und ruhig. Niemand bedroht oder stört die Ruhephasen. Ergo ist weniger Schlaf ganz normal und eine anderweitige Auslastung angesagt. Niemand sagt, einen Hund zu halten ist pure Entspannung.

Er ist aber auch mit einer Kaustange zufrieden.

6. **Bin ich bereit, meine Urlaubsplanung so zu gestalten, dass ich den Boxer mitnehmen kann?**
   Oder habe ich jemanden mit Hundeverstand, der während meiner Ferien den Hund betreuen will und kann? Diese Person sollte wissen, welche Arbeit mit einem Boxer auf ihn zukommt.
   Ein Probetraining vielleicht für ein Wochenende ist sinnvoll. Sind alle Beteiligten gut vorbereitet, können Sie in aller Ruhe in die Ferien aufbrechen.
   Flugreisen in ferne Länder sind für Hunde allgemein nicht angebracht. Die Unterbringung während des Fluges in den Flugzeugen heutzutage hat sich deutlich verbessert. Dennoch ist eine abrupte, klimatische Veränderung unseren Boxern nicht zuzumuten. Auch die Gesundheit sollte nicht außer Acht gelassen werden. In fernen Ländern lauern Insekten, die exotische Viren, Würmer oder Krankheiten übertragen, die es so in Deutschland nicht gibt.

7. **Habe ich andere zeitintensive Hobbies oder Verpflichtungen, die ich schlecht mit einem Boxer vereinbaren kann?**
   Was macht Ihr Boxer, wenn Sie zum Baden ins Freibad gehen wollen? Dort sind Hunde nicht erlaubt. Selbst an Baggerseen werden Sie auf genügend Mitmenschen treffen, die eine Begegnung mit Hunden an diesen Orten gar nicht mögen. Wohin mit dem Boxer, wenn Sie ein Wochenende Skifahren wollen? Auf der Piste wird Ihr Boxer keine Freunde finden. Den ganzen Tag auf dem Hotelzimmer zuzubringen ist nicht zumutbar.
   Haben Sie sich einem Verein angeschlossen, der auf Ihre Mitarbeit angewiesen ist? Feuerwehr, Rotes Kreuz, Wasserwacht oder Ähnliches? Denken Sie an Ihren Boxer daheim!
   Seien Sie ehrlich mit sich und geben Sie keinen spontanen Wünschen nach, sich einen Boxer anzuschaffen, die Sie schnell bereuen könnten.

Der Lohn für die Mühen des Menschen: Boxerliebe.

DER BOXER?
— Ein einzigartiger Hund

Der Boxer gehört zu den Gebrauchshunderassen. Will heißen, er gehört zu den Rassen, die Gebrauchshundeprüfungen nach der Internationalen Prüfungsordnung absolvieren sollen.

Diese Ausbildung müssen auch polizeilich geführte Hunde haben. Aber der Boxer kann deutlich mehr. Seine Vielseitigkeit macht ihn zu einem beliebten Kameraden.

- Für manche ist er sportlicher Mitstreiter, der bei jedem Wetter ohne Ausrede mit zum Joggen geht.
- Sein Spieltrieb ist bis ins hohe Alter legendär.
- Für Eltern übernimmt er gerne mal die Rolle eines Babysitters.
- Hausbesitzer schätzen ihn, weil er allein durch seine Erscheinung Hausierer und Einbrecher abschreckt.
- Ein Boxer schmutzt dank seines kurzen Haarkleides nur mäßig und man benötigt wenig Zeit für dessen Pflege.
- Auf der Couch ist ein Boxer unschlagbar anschmiegsam. Im Bett kuscheliger als jede Wärmflasche, sofern man das mag.
- Kommt jemand bedrohlich nahe, ist er durchaus in der Lage und willens, die Verteidigung aufzunehmen.
- Im Auto fährt er gerne mit und weiß sich im Hotel in den Ferien zu benehmen.
- Große Hitze muss nicht sein. Falls es nicht anders geht, wird das Meer als Abkühlung gerne genommen.

Stets aufmerksam – der Boxer ist ein wachsamer Begleiter.

Wildes gemeinsames Spiel – die Boxer sind in ihrem Element!

Der Boxer zeigt bei allem vollen Einsatz.

Der Boxer – ein kinderlieber, sportlicher und verschmuster Bodyguard.

WILLKOMMEN DAHEIM

— *Auswahl und Eingewöhnung*

WO BEKOMME ICH EINEN BOXER?

Das Zusammenleben mit einem Boxer wird Ihr Leben bereichern und gleichzeitig auf den Kopf stellen. Informieren Sie sich gut, bevor Sie sich in das Abenteuer Hund stürzen!

DER ZÜCHTER

Für seriöse Züchter ist die Mitgliedschaft im Boxer Klub und VDH (Verband für das Deutsche Hundewesen) selbstverständlich. Hier wird eine Kontrolle der Zuchttiere gewährleistet. Die Gesundheitskontrollen finden nach festgelegten Kriterien statt.
Für HD (Hüftgelenksdysplasie) und Spondylose ist eine Gutachterin zuständig. Somit herrschen für alle Boxer die gleichen Bedingungen. Verschiedene Sichtweisen und Auslegungen werden ausgeschlossen.
Für die erforderliche Herzuntersuchung sind ausschließlich besonders geschulte Ärzte zugelassen, die dem Collegium Cardiologicum angehören müssen.
Sie können einen ersten Kontakt mit dem ausgewählten Züchter per Telefon oder über eine der vielen Ortsgruppen, darunter ist sicher eine in Ihrer Nähe, herstellen.
Ein guter Züchter wird Ihnen immer mit Rat und Tat zur Seite stehen, auch und vor allem in schweren Zeiten. Ihr Züchter stellt viele Fragen, die Ihnen schon etwas privat und indiskret erscheinen? Prima, er gibt seine Welpen nicht einfach nur ab, sondern sucht ein dauerhaftes, gutes Zuhause. Seien Sie froh, einen solchen Züchter gefunden zu haben.
Beide Seiten haben Gelegenheit, Fragen zu stellen um zu entscheiden, ob man tatsächlich zusammenpasst.

DIE ELTERNTIERE

Rüde und Hündin, also Vater und Mutter des aktuellen Wurfes werden Sie eher selten gemeinsam vorfinden. In der Regel fährt der Züchter mit seiner Hündin zum Rüdenbesitzer, um diese belegen zu lassen. Wichtig ist, dass Sie die Mutterhündin mit den Welpen zusammen besichtigen können, damit Sie einen ersten Eindruck vom Wesen der Mutter bekommen. Die Hündin muss in einem guten Ernährungs- und Pflegezustand sein. Von beiden Zuchtpartnern müssen die zuchtrelevanten Gesundheits- und Prüfungsergebnisse vorliegen.

Der Umgang mit seinen Welpen zeichnet einen guten Züchter aus.

☞ LEITFRAGEN ZUR ZÜCHTERWAHL

FRAGE	JA	NEIN
Finden Sie einen „Draht" zu dem Züchter Ihrer Wahl?	✔	
Sind Sie sicher, dass Sie ein Boxerleben lang den Kontakt mit ihm pflegen wollen?	✔	
Stellt der Züchter viele Fragen, die Sie doch als sehr privat empfinden?	✔	
Gibt der Züchter bereitwillig Auskunft über die Mutter und den Vater des Wurfes?	✔	
Kennt er den Charakter der einzelnen Welpen und kann er Sie beraten, welcher aus der Rasselbande zu Ihnen passt?	✔	
Kann er Ihre Fragen zu Haltung und Ernährung eines Boxers umfassend beantworten?	✔	
Dürfen Sie Ihren Welpen des Öfteren besuchen, ist es sogar erwünscht?	✔	
Nimmt der Züchter sich die Zeit, auch zwischen Ihren Besuchen, Bericht über den Welpenalltag per Telefon zu erstatten?	✔	
Schickt er Bilder oder Videos über die entsprechenden sozialen Medien?	✔	

DIE ZUCHTSTÄTTE

Achten Sie darauf, dass die Welpen tatsächlich in der Familie großgezogen werden.
Die Welpen müssen mit der Mutter in einem entsprechenden Raum untergebracht sein.
Die Welpenstube ist dem Alter der Welpen entsprechend großzügig bemessen.
Bei Ihrem ersten Besuch, ab ca. der vierten Lebenswoche der Welpen, reicht evtl. noch eine Wurfkiste mit kleinem Auslauf aus.
Bei mehreren Besuchen wächst diese Unterbringung mit den Ansprüchen der Welpen.
Es gibt ausreichend helles, natürliches Licht und es ist kuschelig warm für die Kleinen.
Mit dem raschen Heranwachsen der Welpen und deren erhöhten Ansprüchen an Auslauf und Beschäftigung, wächst der Auslauf mit.
Verschmutze, gepflasterte, sowie sonnen- und freudlose Hinterhöfe sind der artgerechten Entwicklung der Welpen nicht zuträglich.
Sauberkeit ist das A und O eines verantwortungsvollen Züchters.
Da Ihr Besuch in der Regel angekündigt ist, können Sie eine tadellos saubere Umgebung für Ihren Welpen erwarten. Sicher werden die Welpen, kommen sie aus dem Schlaf, zunächst einmal alle Geschäfte erledigen.
Der Züchter ist bemüht, diese Hinterlassenschaften zu entfernen. Am Geruchseindruck

Sauberes Umfeld, gepflegte Mutter.

Verschlafen – die Ruhe vor dem Sturm!

im Welpenzimmer merken Sie sofort, ob dies immer der Fall ist.
Mit alltäglichen Geräuschen wie Radio, Staubsauger, Töpfe klappern usw. sollten die Welpen konfrontiert werden. Die Welpen haben menschlichen Kontakt und sind nicht stundenlang alleine, weil der Züchter berufstätig ist.
Ein Zugang zum Garten sollte möglich sein, damit auch Umweltgeräusche wie fahrende Autos, Rasenmäher usw. dem kleinen Boxer schon bekannt sind. Bei gutem Wetter können die Welpen ins Freie. Sie können verschiedene Gegebenheiten testen. Wie fühlt sich Gras an? Kleine Klettertouren über Schaukeln und durch Tunnel werden angeboten. Flatterbänder, klappernde, mit Steinchen gefüllte Behälter regen die Neugierde und den Mut der Kleinen an. Der Fantasie der Züchter sind keine Grenzen gesetzt, die Welpen sinnvoll zu beschäftigen.
Der kleine Boxer hat bei seinem Freigang zudem schon gelernt, sein Geschäft draußen zu erledigen.

WELPEN

Diese sind wohlgenährt, nicht mager. Der Welpe darf Babyspeck haben. Das Fell ist weich und sauber. Die Welpen riechen angenehm, keinesfalls nach Urin oder Kot. Sie sind munter und interessiert daran, wer zu Besuch kommt. Sie dürfen sich in den Welpenauslauf setzen und ausgiebig mit den Welpen spielen. Die Welpen stürmen auf Sie zu und krabbeln auf Ihnen herum. Sie testen gerne die spitzen Zähnchen an Ihren Handgelenken. Schnürsenkel werden langgezogen. Kurz, man merkt, es geht den Zwergen gut. Sie kommen voll Vorfreude zur erneuten Begutachtung Ihres Welpen und finden diesen schlafend vor.
Das ist der Vorführeffekt. Vor allem erwartet man einfach zu viel von einem Baby!
Fragen Sie vorher nach den Fütterungszeiten und kommen lieber kurz davor als danach. Dann ist einfach mehr Leben im Welpenalltag.
Alle Welpen eines Wurfes sollten in etwa eine Größe und den gleichen Ernährungszustand aufweisen. Extreme Unterschiede zeugen von mangelnder Fürsorge durch den Züchter.
Der Züchter hat keine Scheu, die Welpen während Ihres Besuches zu füttern. Sie sehen gleich, wie sich die Welpen an der Futterschüssel verhalten.
Sowohl im Haus wie im Garten zeigen sich die Welpen frei und unbefangen. Sie sind den Auslauf gewohnt und werden nicht nur vorgeführt.
Sind diese Punkte zu Ihrer Zufriedenheit erledigt, bleibt Ihnen die Qual der Wahl Ihres neuen Mitbewohners.

Im gemeinsamen Spiel lernen die jungen Boxer Sozialverhalten.

DIE ENTWICKLUNGSPHASEN DES HUNDES

Hundewelpen sind Nesthocker. Sie werden – quasi – „halbfertig" geboren und müssen sich dann unter Obhut der Mutter (und des Züchters) zu den perfekten „besten Freunden des Menschen", die wir wollen, entwickeln.

Meist wird die Entwicklung in vier Phasen unterteilt: Die neonatale Phase, die Übergangsphase, die Sozialisationsphase sowie die Juvenilphase. Daneben geben neuste Forschungsergebnisse aber auch zunehmend Anlass, der pränatalen Phase mehr Beachtung zu schenken. Unterschiede im Verhalten erwachsener Hunde können bereits aufgrund von Umwelteffekten im Mutterleib entstanden sein. Ein weiteres Argument, sorgfältig bei der Auswahl des Züchters zu sein, bei dem man „seinen" Boxer kauft.

Die ersten beiden Lebenswochen werden die neonatale Phase genannt. Sie bilden die erste Entwicklungsphase. Das Verhalten der Welpen wird im Wesentlichen von unkonditionierten Reflexen bestimmt, die dazu dienen, die aktuellen Bedürfnisse zu decken. Schlafen, trinken, geputzt werden. Auch wenn Welpen Nesthocker sind, können sie sich von Anfang an bewegen. Die Pendelbewegungen des Kopfes helfen beim Finden des Gesäuges. Geruchs- und Geschmackssinn sind bereits ausgebildet.

Die Übergangsphase beginnt mit dem Öffnen der Augen ab dem 10. Tag und endet mit dem Öffnen der Gehörgänge gegen Ende der dritten Lebenswoche. Der Welpe beginnt, auf Geräusche zu reagieren und sich umzusehen. Auch die Wärmeregulation funktioniert nun ohne kuschelnde Wurfgeschwister. Die Welpen beginnen erste neugierige Ausflüge in die Umwelt. Auch versuchen sie, ihre direkte Umgebung, das „Heim erster Ordnung“, sauber zu halten.
Die Sozialisationsphase beginnt im Alter von 3 bis 4 Wochen und geht im Alter von 12 bis 14 Wochen in die Juvenilphase über, zu einem Zeitpunkt, an dem sich Hundewelpen natürlicherweise in das Hunderudel einfügen. Mit dem Eintritt in die Pubertät endet diese Phase und geht in die Juvenilphase über. Das passiert zwischen 5 und 14 Monaten. Bei unseren Boxer meistens mit ca. 9 Monaten. Die Hündinnen kommen zum ersten Mal in ihre Hitze und die Rüden beginnen damit, ihr Bein zu heben. Das sind Anhaltswerte, physiologisch sind auch andere Rhythmen.
Inzwischen gibt es Studien zum Sozialverhalten, meist unter Laborbedingungen durchgeführt, die vermuten lassen, dass die primäre Sozialisation zwischen der 3. und 12. Lebenswoche stattfindet, wobei eine besonders sensible Phase zwischen der 6. und 8. Lebenswoche liegt.
Vielen Boxerzüchtern ist das inzwischen bekannt und sie versuchen, in dieser Zeit die Welpen in angemessener Art und Weise und unter sicheren Bedingungen möglichst viel lernen zu lassen. Diese profitieren ihr ganzes Leben davon. Sie sammeln Eindrücke und lernen, sich in menschlicher und in häuslicher Umwelt wohl und sicher zu fühlen, sowie einen selbstbewussten Umgang mit unterschiedlichen Situationen und Bindungsfähigkeit. Beides sind wichtige Voraussetzungen für ein harmonisches Zusammenleben von Mensch und Hund.

Sie müssen ihre Umwelt erkunden und erfahren.

Verantwortungsbewusste Züchter geben ihnen das Rüstzeug mit auf den Weg.

ZUR BEACHTUNG

— Boxer aus dem oder für das Ausland

Es gibt immer neue Bestimmungen, ab welchem Alter und unter welchen Voraussetzungen Welpen ins Ausland abgegeben werden bzw. nach Deutschland eingeführt werden dürfen.

Im Moment dürfen Welpen nur mit einem vollständigen Tollwutschutz aus- und eingeführt werden. Das heißt, frühestens mit 15 Wochen. Dabei wird eine Erst-Tollwutimpfung verlangt, die mindestens 21 Tage vor Grenzübertritt erfolgte. Diese Erstimpfung darf frühestens mit 12 Wochen gegeben werden.
Dies gilt für ein Land der EU und andere europäische Länder wie die Schweiz, Norwegen und sogenannte Drittländer wie Bosnien-Herzegowina, Mazedonien, Russland und Weißrussland. Die Vorlage des EU-Impfausweises und ein Microchip sind selbstverständlich.
Falls Sie planen, einen Boxer im Ausland zu erwerben, erkundigen Sie sich in jedem Fall bei Ihrem Veterinäramt über die angezeigten Vorkehrungen.

Wir haben keinen Hund!
Wir haben einen Boxer!

Rundum bestens versorgt macht das Leben Spaß!

Ein Boxer ohne Vorgeschichte.

BILLIGANGEBOTE

Werden Ihnen einzelne Welpen ohne die Mutter präsentiert, lassen Sie die Hände davon.

Es handelt sich keinesfalls um einen seriösen Züchter, dem die Rasse am Herzen liegt. So etwas wird von Hundehändlern praktiziert, die Geld verdienen wollen. Diesen Leuten sind sowohl die Welpen wie die Mutter völlig egal. Die Umstände, unter denen die Muttertiere und Welpen gehalten werden, können und wollen Sie sich nicht ausmalen.

Auch Ihr Mitleid hilft hier nicht weiter, im Gegenteil, darauf wird spekuliert. Je mehr Welpen auf diesem Weg einen neuen Besitzer finden, umso mehr werden produziert. Das ist wörtlich zu verstehen.

Es ist nicht verwerflich, das Internet für den Welpenverkauf zu nutzen. Allerdings sind Homepages genauso geduldig wie früher das Papier und es liegt an Ihnen, unseriöse Hundevermehrer zu meiden.

RÜDE ODER HÜNDIN?

Ein Rüde wird, einmal herangewachsen, ca. 63 cm Schulterhöhe erreichen und ca. 35 kg wiegen. Eine geballte Ladung Temperament, die es zu händeln gilt. Konsequente Erziehung, gesicherte Sozialisierung, gerade für einen Rüden im Umgang mit Gleichgeschlechtlichen, wird Ihnen abverlangt. Es ist ratsam, eventuelles Imponiergehabe gegenüber anderen Rüden rechtzeitig zu unterbinden, damit später ein gut sozialisierter Boxer, der Sie gerne überall hin begleitet, aus ihm wird.

Sind Sie sich der Kraft eines Rüden bewusst, dieser gewachsen und in der Lage, ihn zu halten, wenn er unverhofft an der Leine reißt? Manche Rüden echauffieren sich, wenn sie eine läufige Hündin, egal welcher Rasse, in der Nase haben.

Generell sollten Sie Ihren Rüden nicht frei herumstöbern lassen. Die Gefahr, dass er für ein Schäferstündchen verschwindet ist groß. Für einige der Galane muss der Gartenzaun erhöht werden.

Für welches Geschlecht oder welche Farbe Sie sich auch entscheiden – für Sie wird es der beste Hund.

Anschmiegsam und schmusebedürftig ist der Rüde ebenso wie die Hündin, da gibt es keine geschlechtsspezifischen Unterschiede. Eine Hündin wird ca. 58 cm groß und zwischen 25 und 28 kg wiegen, wenn sie ausgewachsen ist. Sie ist nicht minder temperamentvoll.

Hündinnen werden in der Regel zwischen dem 6. und dem 13. Monat das erste Mal läufig. Danach ca. 1 – 2mal im Jahr. In dieser ca. 3 Wochen dauernden Läufigkeit verlieren sie tröpfchenweise Blut. Im Handel werden Schutzhöschen mit Einlagen angeboten, die das Verschmutzen der Auslegeware verhindern. Gewöhnen Sie Ihre Hündin rechtzeitig daran.

Manche Hündinnen verändern vor und während der Läufigkeit ihr Wesen und werden bewegungsfaul und gehen nur unter gutem Zureden ein paar Schritte vor die Tür. Fordern Sie Ihre Hündin zu reichlich Bewegung, gerne auch am Fahrrad, auf. Andere verfallen ins Gegenteil und werfen sich allem auf vier Beinen an den Hals oder neigen zu ungewohntem, aggressivem Verhalten.

Lassen Sie also Ihre Hündin in dieser Zeit niemals frei oder unbeobachtet laufen, auch nicht im heimischen Garten. Hunde sind in Ihrem Fortpflanzungswillen sehr erfinderisch im Überwinden von Hindernissen. Manche Hündinnen neigen zur Scheinträchtigkeit. Diese tritt ca. 6 – 8 Wochen nach der Läufigkeit auf. Die Hündin bemuttert ersatzweise Stofftiere oder Kissen, die sie in ihr Körbchen trägt und unter sich begräbt. Sie will nur ungern aus dem Haus und ihre „Welpen" zurücklassen.

Den Nestbau Ihrer Hündin sollten Sie nicht unterstützen. Sie soll sich nicht in Ihren Hormonschwankungen verlieren. Auch hier hilft Bewegung auch gegen den Willen Ihres Mädchens.

Ab sofort in Ihrer Obhut!

WAS GEHÖRT ZUM BOXER?

Am Tag der Abholung übergibt Ihnen der Züchter den EU-Impfpass für Ihren Welpen, in dem die bereits vorgenommenen Impfungen und die Chipnummer eingetragen sind.

Mit dem Kaufvertrag verpflichtet sich der Züchter, die Ahnentafel Ihres Hundes umgehend nach Erhalt auszuhändigen. Diese Ahnentafel, die das Siegel des BK, VDH und der FCI (Fédération Cynologique Internationale = Weltverband der Rassezuchtverbände) trägt, weist Ihren Boxer als reinrassig und nach dem Standard gezüchteten Hund aus. So wird gewährleistet, dass alles getan worden ist, um einen gesunden, wesensfesten Boxer zu züchten.
Halten Sie etwaige Mängel in einem Kaufvertrag fest. So kann keiner der Parteien im Nachhinein behaupten, etwas nicht gewusst zu haben. Dazu gehört etwa ein Hodenfehler, eine unausgefärbte Nickhaut oder andere sichtbare Unvollkommenheiten.
Mit der Ahnentafel zusammen erhalten Sie die Leistungsurkunde, auf der der Name Ihres Welpen eingetragen ist. Ein Befundbogen für HD und Spondylose liegt bei. Den Befundbogen für die zuchtrelevante Herzuntersuchung liegt bei den zugelassenen Ärzten des CC (Collegium Cardiologicum) vor.
Für den Rasseverband ist es wichtig, die Situation der Population zu kennen. Gehen Sie daher zu den Untersuchungen für HD, Herz und Spondylose und lassen diese auswerten. Sie selbst möchten einen gesunden Boxer erwerben. Dies kann ein Rassezuchtverband nur leisten, wenn eventuelle Krankheiten schnell erkannt werden und belastete Elterntiere aus der Zucht genommen werden.
Sie erhalten so die Rasse für Ihre Kinder und weitere folgende Generationen.

ERSTAUSSTATTUNG

FUTTERNAPF

Der Napf ist am einfachsten aus Edelstahl, da dieser gut zu reinigen ist. Idealerweise passt der Napf in einen soliden Futterständer. Im Allgemeinen wird dem Boxer sein Futter in erhöhter Position serviert.

Das Sofa wird als Ruheplatz gerne angenommen, wenn es der Mensch erlaubt.

Auch im schönsten Lederbett ist ein Kissen unerlässlich.

Die Wasserschüssel, die auf dem Boden stehen darf, sollte einen höheren Rand haben, damit das Wasser beim Saufen nicht über den Rand hinausschwappt. Es bietet sich eine Porzellanschüssel oder Ähnliches an, da diese wegen ihres Eigengewichts nicht herumrutschen oder umkippen kann.

KORB ODER LIEGEPOLSTER

Ein Weidenkorb könnte den Zähnen des jungen Boxers zum Opfer fallen und die dann abstehenden einzelnen Weidenstäbe können zu Spießen werden und Verletzungen herbeiführen. Abhilfe schafft ein Bettbezug, in den der Korb hineingeschoben wird. Liegepolster aus abwaschbarem Material gibt es im Handel in allen Formen und Farben. Auch passend zum, unter Umständen, exklusiven Geschmack von Herrchen und Frauchen.
Gerne kuschelt sich der Boxer in das nicht überdimensionierte „Betti". Der Kopf liegt dabei erhöht auf dem gepolsterten Rand oder einem Kissen.
Eines von beidem muss es sein, damit das Boxerchen gleich an seinen Platz gewöhnt werden kann. Hier legen Sie am besten auch die Decke und das Spielzeug, das Ihnen der Züchter mitgegeben hat, hinein. Der noch vorhandene Geruch macht das neue Zuhause gleich heimelig.

DECKEN

Besorgen Sie sich einige Plüschdecken. Es gibt sie in diversen Größen und Farben. Manchmal ist es günstiger, eine XXL Decke zu kaufen und diese in mehrere kleinere Decken, dem Bedarf entsprechend, zurecht zu schneiden. Diese Plüschis leiten Feuchtigkeit nach unten ab und Ihr Boxer liegt immer im Trockenen. Gut gemeinte Bettlaken oder Handtücher bieten diesen Vorteil nicht.
Für die Autobox eignen sich die rückseitig gummierten Heimtierdecken besonders gut, da sie beim Bremsen und Anfahren nicht hin- und herrutschen.

HALSBAND UND LEINE

Der Züchter wird Ihnen für die erste Zeit ein kleines Halsband und evtl. eine Leine mitgegeben haben. Diese sind in der Größe verstellbar und für die Wachstumsphase bestens geeignet.
Möchten Sie Ihren Liebling mit exklusivem Ledergeschmeide verwöhnen, warten Sie damit, bis der Welpe herangewachsen ist und

Wird der Boxer im Auto auf der Rückbank untergebracht, sorgt ein Haltegurt für Sicherheit.

Nur eine der vielen erhältlichen Varianten der Kofferraum-Boxen für Hunde.

sich die Investition auch lohnt. Die Auswahl an Materialien und Ausführungen für Halsbänder und Leinen ist schier unerschöpflich. Für den manchmal ungestümen Boxer empfiehlt sich eine gummierte Leine, die auch bei Regenwetter griffig bleibt und ein Entgleiten verhindert.
Sie sollten bedenken, welchen Ansprüchen die Leine gerecht werden soll. Für die Ausbildung auf dem Hundeplatz ist eine Meterleine und ein Kettenhalsband angebracht. Für normale Spaziergänge ist eine längere Leine und ein Lederhalsband für bessere Bewegungsfreiheit von Hund und Herrchen besser geeignet.

BOXEN

Eine Hundebox für das Auto ist dringend zu empfehlen. Es ist Pflicht, Hunde im Fahrzeug nur gesichert zu transportieren.
Der Gurt oder ein Gitter im Kofferraum bieten nur eingeschränkten Schutz. Eine Box in angemessener Größe bietet mehr Sicherheit. Der Boxer sollte in dieser Box aufrecht sitzen können und sich im Liegen ausstrecken können, ohne Rumpf und Gliedmaßen verbiegen bzw. anwinkeln zu müssen.
Für den Boxer ist so eine Box sein mobiles Zuhause. Dem Wetter entsprechend mit Plüschis oder kühlenden Decken ausgestattet. Der Einsatz einer Hundebox ermöglicht Ihnen, im Sommer die Heckklappe zu öffnen, um für die richtige Belüftung zu sorgen.
Die Bewegungsfreiheit des temperamentvollen Mitfahrers ist eingeschränkt und Ihr bereits getätigter Einkauf beim Metzger liegt nach dem Bäckereibesuch immer noch unberührt im Einkaufskorb.
Ein entscheidender Vorteil für Autonarren: Die Haare fallen lediglich um die Box herum auf den Boden und staksen nicht im Teppich der Rückenlehne.
Neben der Box für das Auto ist eine Gitterklappbox für die Eingewöhnungszeit im neuen Heim sehr praktisch. Für die Nacht kommt der Welpe in die weich ausgestattete Box. Die Tür wird verschlossen, damit er sich für den Fall der Fälle bemerkbar machen muss. Dazu muss sie in der Nähe Ihres Schlafbereiches aufgestellt sein, damit Sie den Welpen auch hören. Die Box sollte so groß gewählt werden, dass sie für den erwachsenen Boxer ebenfalls passt und gegebenenfalls mit auf das Hotelzimmer genommen werden kann. Für diesen Fall hat Ihr Boxer sein Eigenheim dabei und bleibt ohne Probleme im Zimmer.

DAS GRUNDSTÜCK

Es gehört dazu, den Garten oder das Grundstück so zu sichern, dass der kleine, neugierige Boxer nicht direkt auf das Nachbargrundstück ausbüxen kann. Eine Hecke allein wird ihn nicht aufhalten können.
Ein relativ engmaschiger Zaun bietet genügend Sicherheit für Hund und Mensch.
Ist der Garten boxersicher, können Sie das Boxerle auch mal für kurze Zeit allein im Garten spielen lassen.
Für den erwachsenen Hund bietet der Zaun einen Schutz vor fremden Hunden, die zu Besuch kommen wollen und womöglich auf ein Schäferstündchen mit Ihrer Hündin aus sind. Sollte sich ein Feind zeigen, sind beide Parteien durch den Zaun gut geschützt und eine Streiterei wird erfolgreich vermieden.
Der Kompost-Haufen stellt eine Quelle der guten Gerüche dar. Nicht für uns Menschen natürlich. Sie werden sich wundern, was für Boxernasen verlockend ist. Ihr Schützling soll sich dort nicht selbst bedienen. Also müssen Sie den Kompost am besten in ein geschlossenes System verbannen.
Ein Teich oder ein anderes, noch so kleines Wasserloch kann für den Welpen eine Gefahr durch Ertrinken darstellen.
Wenn Sie glauben, an alles gedacht zu haben, wird Ihr Welpe Sie mit dem Unmöglichen überraschen.

Wir haben die Lücke nicht gesehen. Der Boxer findet sie auf jeden Fall!

STADT ODER GEMEINDE

Melden Sie Ihren Boxer unbedingt bei den zuständigen Behörden an.
Erkundigen Sie sich rechtzeitig, ab wann Ihr Hundchen gemeldet werden muss. Diese Vorschriften werden von den jeweiligen Kommunen unterschiedlich geregelt. Normalerweise muss ein Hund im Alter zwischen 4 – 6 Monaten angemeldet werden.
Die Kosten, die sich drastisch unterscheiden können, legen ebenfalls die Kommunen in Eigenregie fest.

VERSICHERUNG

Schließen Sie unbedingt eine Hundehaftpflichtversicherung ab. Als Eigentümer haften Sie für ALLE Schäden, die Ihr Hund verursacht. Die Versicherung sollte eine hohe Deckungssumme für Personen- und Sachschäden beinhalten, die auch zum Tragen kommt, wenn Sie Ihren Boxer in andere Hände gegeben haben, z. B. wenn Sie sich im Urlaub befinden und Ihr Wauz bei Freunden untergekommen ist.
Bevor Sie eine Kranken- bzw. OP-Versicherung für Ihren Boxer abschließen, lesen Sie die Ausschlusskriterien genau durch. Viele häufig vorkommende, meist rassespezifische Krankheiten, sind von der Kostenübernahme ausgeschlossen.
Ein Hundekonto mit monatlicher Einzahlung macht manchmal mehr Sinn, da Sie Ihr Geld im Falle der Nichtinanspruchnahme nicht verlieren.

Alles neu hier.

Endlich ruft jemand. Ich komme!

ENDLICH ZUHAUSE

Holen Sie Ihren Welpen mit einer zweiten Person ab. So kann es sich der kleine Zwerg auf der Fahrt ins neue Zuhause auf Ihrem Schoß bequem machen.Sorgen Sie für Handtücher und Papiertücher in greifbarer Nähe. Der Züchter ist mit den Welpen zwar schon Auto gefahren, aber unter Umständen haben Sie eine mehrstündige Fahrt vor sich.
Sollte eine Unterbrechung der Fahrt nötig sein, werden Sie die Unruhe des Welpen schnell bemerken und Sie können entsprechend reagieren.
Sperren Sie den Welpen nicht sofort alleine in die neu erworbene Box. Er muss zuerst daran schrittweise gewöhnt werden. Ist der Welpe Ihr einziger Hund, können Sie ihn, zuhause angekommen, in den Garten setzen. Sollte er sich tatsächlich lösen, loben Sie ihn sofort überschwänglich.
Haben Sie schon einen älteren Hund, führen Sie die Hunde zunächst auf neutralem Boden zusammen. Eine abgelegene Wiese bietet sich an. Der Garten könnte von dem größeren Hund als sein Revier betrachtet werden. Erst nach einer freundlichen Annäherung können die Hunde ganz selbstverständlich zuhause gemeinsam aus dem Auto aussteigen und im Garten spielen.
Nehmen Sie Ihre Hunde mit ins Haus und beobachten die Szene genau, damit es nicht zu Eifersüchteleien zwischen dem Erst- und dem Zweithund kommt.
Beide Hunde müssen völlig gleichbehandelt werden. Keinesfalls darf der erwachsene Hund weggeschubst werden, weil der jüngere so klein und so süß ist. Denken Sie daran, dass der ältere Boxer bisher Ihr einziger Liebling war und er mit der neuen Situation zurecht kommen muss. Zeigen Sie dem Welpen seinen Platz, idealerweise auch mehrere.
Einen davon in dem Bereich, in dem sich das tägliche Familienleben abspielt, weil der Boxer immer ganz nah bei Ihnen sein will. Einen weiteren im Umfeld Ihres Schlafbereiches, damit Sie im Notfall gleich bemerken, wenn der Welpe in der Nacht noch einmal vor die Tür muss.
Tatsächlich teilen sehr viele Boxerbesitzer auch das Bett mit Ihren Vierbeinern. Das muss jeder Boxerbesitzer mit seinem Hund aushandeln.
Ebenso wichtig ist es, dem Welpen zu zeigen, wo er gefüttert wird und wo die Wasserschüssel steht. Diese muss für den Hund immer erreichbar und stets mit frischem Wasser gefüllt sein. Anfangs wird der Welpe relativ wenig saufen. Das reguliert sich mit dem Älterwerden.

DAS EINGEWÖHNEN *— erste gemeinsame Schritte*

Ihr Welpe wird wenigstens die nächsten 10 – 12 Jahre bei Ihnen sein. Freunde, Verwandte und Nachbarskinder sollten sich einige Tage gedulden, bis das Boxerbaby herumgereicht wird. Zunächst sollte Ihr kleiner Neuankömmling lernen, dass Sie und Ihre Familie die wichtigste Rolle in seinem zukünftigen Leben spielen. Danach dürfen gerne alle den Welpen begrüßen.

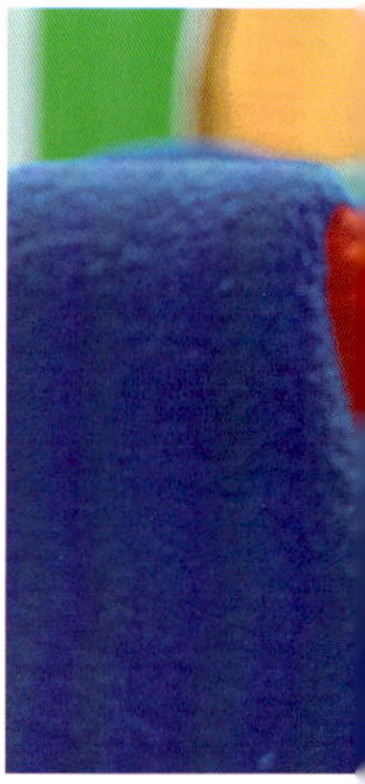

Die erste Nacht im neuen Zuhause ist gut verlaufen. Früh morgens nehmen Sie Ihren Boxer am besten auf den Arm und tragen ihn nach draußen, wo er sich sofort lösen wird. Nach der langen Nacht wird er nach wenigen Minuten auch das große Geschäft erledigen müssen. Es folgt ausgiebiges Loben.
Die Morgenmahlzeit kann gefüttert werden. Kurz danach darf der Welpe noch einmal hinaus. Vielleicht wird er einige Minuten mit Ihnen spielen wollen und durch den Garten tollen, danach schläft er wieder.
In den ersten Tagen wird Ihr Welpe sehr viel schlafen. Die Umstellung auf die neue Umgebung mit all den neuen Gerüchen und Geräuschen, und das alles ohne Mutter und Geschwister, strengt ihn sehr an. Auch die vor der Abgabe erfolgte Impfung fordert ihren Tribut.
Wacht der kleine Boxer wieder auf, müssen Sie nicht überlegen, ob er hinaus muss oder nicht. Er muss hinaus!! Egal, wie lange die Ruhephase war, hochheben und ab in den Garten. Je konsequenter Sie in dieser Phase durchhalten, umso schneller wird der Welpe sauber werden.
Am erfolgversprechendsten ist es, wenn der Welpe gar nicht erfährt, dass man überhaupt in die Wohnung machen kann. Bald wird er in Richtung Tür laufen und sein Bedürfnis so ankündigen. Ihre Aufmerksamkeit ist gefragt, um das Malheur zu verhindern.

Noch bin ich zu klein, aber in zwei Monaten schaffe ich es darüber.

Jetzt muss auch mal Ruhe sein!

Der Züchter gibt ein Erinnerungsstück mit.

Nach einigen Tagen kann ein kleiner Spaziergang von wenigen Minuten auf einer Wiese oder einem Feldweg, weitab vom Verkehr, unternommen werden. Das tut uns und den Sinnen des Hundes gut.

In dieser sicheren, dem Welpen fremden Umgebung bietet sich die beste Gelegenheit, den Welpen an sich zu binden. Ohne Leine wird er Ihnen gerne folgen. Sind Sie einige Schritte entfernt, gehen Sie in die Hocke und rufen ihn freundlich mit heller Stimme mit seinem Namen an. Selbstverständlich sind Sie mit ausreihend Leckerchen bewaffnet. Kommt der Welpe auf Sie zugelaufen, freuen Sie sich überschwänglich, geben Leckerchen und loben die gute Tat.

Haben Sie keine Angst davor, dass der Welpe weglaufen könnte. Wo soll er hin? Er kennt nur Sie und Sie sind ihm wohlgesonnen, das hat er bereits gelernt.

Anfangs reichen wenige Minuten.

Einige Hundert Meter sind schon ein großer Marsch.

Überfordern Sie Ihren Welpen nicht!

Die Knochenstruktur ist noch nicht ausgereift und ein Zuviel kann Schäden für ein ganzes Leben nach sich ziehen.

FÜR EIN LANGES HUNDELEBEN

— *Ernährung, Pflege und Gesundheitsvorsorge*

ERNÄHRUNG

Der Handel bietet ein breites Sortiment, mit dem Sie Ihren Hund gesund und ausgewogen füttern können. Egal, für welche Art der Fütterung Sie sich entscheiden, Ihr Boxer wird Ihnen zeigen, ob Ihre Wahl gut für ihn ist.

Weder im Welpenalter noch als erwachsener Hund darf der Boxer zu dick oder zu dünn sein. Beim ausgewachsenen Boxer kann man das „Rippenspiel" leicht erkennen. Keinesfalls jedoch dürfen die Hüftknochen oder das Rückgrat herausstehen.
Andererseits soll eine schwungvolle Unterlinie deutlich erkennbar sein. Das unterscheidet den Boxer von anderen Rassen. Die Futtermenge allein ist nicht entscheidend. Ist der Boxer zu mollig, sollten Sie sich fragen, ob Sie ihn wirklich genügend bewegen. Ist er zu schlank, sollte man an eine Blutuntersuchung denken, um eventuelle körperliche Mängel auszuschließen.

WICHTIG ZU WISSEN ÜBER FUTTERMITTEL

- Teuer ist nicht unbedingt besser!
- Der Fett- und Proteingehalt muss dem Alter und der Aktivität Ihres Boxers angepasst sein.
- Unsere Boxer benötigen kein Hochleistungsfutter.
- Auch größere Wanderungen, sportliche Betätigung oder die Arbeit auf dem Hundeplatz entsprechen der Normalität und verlangen keine besondere, übermäßig energiereiche Fütterung.

TROCKENFUTTER

Die unkomplizierteste und daher die am meisten verbreitete Art der Fütterung ist wohl die Gabe von Trockenfutter. Diese gibt es für alle Ansprüche in reicher Auswahl. Ob nun getreidefrei oder vom Bio-Rind, mit Kartoffeln und Fisch oder Reis und Lamm, Trockenfutter bietet den Vorteil, dass Sie es problemlos lagern können. Für welche Sorte Sie sich entscheiden, liegt am Geschmack Ihres Hundes. Auch auf längeren Reisen kann das gewohnte Futter ohne Qualitätsverlust mitgenommen werden.

NASS- BZW. DOSENFUTTER

Die nicht gerade umweltfreundliche Verpackung nimmt in der Speisekammer viel Platz ein und ist beim Einkauf sperrig und schwer. Beim Lesen der Zutatenliste wird Ihnen der Feuchtigkeitsgehalt, sprich Wasser, von ca. 80 % auffallen.
Drücken Sie, theoretisch, das Wasser heraus, bleibt nur ein kleiner Futterrest in der Dose. Das sollten Sie bei der Fütterungsmenge beachten. So kommen für einen gestandenen Boxerrüden in einer Woche schon einige Dosen zusammen, die zur Entsorgungsstelle gefahren werden müssen.

Trockenfutter ist die einfachste Art der Fütterung.

BIOLOGISCH ARTGERECHTE ROHFÜTTERUNG (BARF)

Klingt gut und liegt im Trend. Barfen birgt jedoch auch einige Gefahren. Rohes Fleisch kann sehr schnell Krankheitskeime aufweisen. Eine sorgfältige Lagerung ist unabdingbar.
Die Ausgewogenheit der Zutaten insbesondere der Vitamine, Mineralstoffe und Spurenelemente ist nur schwer zu gewährleisten.

DIE PASSENDE FÜTTERUNG

Ihr Boxer muss seinen Napf mit Appetit schnell leeren. Ihr Boxer muss das Futter vertragen, was sich daran zeigt, dass er lebendig und ausgeglichen ist und sein Fell glänzt wie eine Speckschwarte. Es weist keine roten oder kahlen Stellen auf. Jucken und Kratzen sind auf ein normales Minimum reduziert. Ist das Futter nicht perfekt geeignet, merken Sie an den Ausscheidungen und den Geruchsbelästigungen, dass etwas nicht in Ordnung ist.

Hier sollte man sich in erfahrene Hände begeben, die explizit für meinen Boxer ein Ernährungsprogramm erarbeiten. Es gibt Tierärzte, die behaupten, Barfen ist nichts für normale Hundehalter. Den Gegenbeweis liefern all jene, die mit dieser Fütterung sehr gute Erfahrungen gemacht haben.

ANZAHL DER MAHLZEITEN

Ihr Welpe wird vom Züchter auf drei Mahlzeiten am Tag eingestellt worden sein. Diese sollten Sie beibehalten, bis er ca. 6 Monate alt ist. Sicher bekommt er noch Welpenfutter. Viele Hersteller von Trockenfutter bieten ein Juniorfutter an, das als Übergangsfutter zwischen Welpen- und Erwachsenenfutter gegeben werden kann. Informieren Sie sich hinreichend.
Der erwachsene Boxer kann seine Futterration auf zwei Mahlzeiten verteilt bekommen. Die Futtermenge ist dann nicht so groß und die Gefahr einer Magendrehung wird verringert.
In jedem Fall gilt: Erst der ausgiebige Spaziergang, dann die Mahlzeit, anschließend folgt der Verdauungsschlaf.

FUTTERZUSATZPRODUKTE

Futtermittel sind heutzutage so gut erforscht und in der Zusammensetzung ausgereift, dass diese alleine für ein normales, gesundes Aufwachsen ausreichend sind.
Eine Überdosierung jeglicher Futterzusätze kann zu erheblichen, erst im Laufe des Lebens auftretenden, gesundheitlichen Schäden führen. Die Werbeversprechen sind, wie bei Herrchen und Frauchen auch, kritisch zu beurteilen. Viel hilft nicht viel und führt unter Umständen zu ernsten Problemen an Knochen und Knorpelmasse.

Leckerchen werden gerne genommen und müssen daher mit Bedacht verfüttert werden.

Generell sollten Nahrungsergänzungsmittel nur bei Mangelerscheinungen und nur in Absprache mit dem Tierarzt verfüttert werden.

LECKEREIEN UND KAUARTIKEL

Kleine und junge Boxer soll und muss man noch oft belohnen, damit das Lernen schneller und einfacher geschieht.
Für erwachsene Boxer dagegen sind Leckerchen ein Luxus bzw. Belohnung. Diese Extraration Kalorien legt sich wie bei uns Menschen auf die Hüften. Daher sollten Belohnungen eine gesunde Zusammensetzung aufweisen und sparsam zum Einsatz kommen.
Sicher darf Ihr Boxer auch mal ein Stück Wurst bekommen. Aber eben nur ein kleines und nur für besondere Leistungen. Schokolade, Süßigkeiten allgemein oder Essensreste gehören wegen der Gewürze nicht auf den Speiseplan der Hunde.
Etwas Hartes zur Pflege der Zähne und des Zahnfleisches kann z. B. ein Stück vom Hirschgeweih oder ein Röhrenknochen von solcher Größe sein, die weder verschluckt noch durchgebrochen werden kann.
Rinderhaut, Schweineohren oder Ochsenziemer sind für den Boxer eher etwas zum Fressen, da er diese Artikel schnell einspeichelt und kleine Stücke schnell verschlingt. Größere Stücke werden an dem einen Ende weich. Sie lösen ihre Struktur auf und Ihr Boxer wird versuchen, dass weiche Ende zu verschlingen. Das harte Ende jedoch bleibt im Rachen hängen und kann zum Ersticken führen.
Geben Sie diese Kauartikel nur unter Aufsicht, damit Sie nicht erst im Notfall eingreifen können.

Nach dem Spiel im hohen Gras den Boxer nach Zecken absuchen!

PFLEGE UND GESUNDHEIT

Durch sein kurzes Fell ist der Boxer sehr pflegeleicht und schnell zu reinigen. Doch wie alle Hunde darf seine Pflege nicht vernachlässigt und auf die Gesundheitsvorsorge muss geachtet werden.

DAS FELL

Das kurze, glatte Fell ohne Unterwolle ist äußerst pflegeleicht. Nach dem Spaziergang und zwischendurch reicht das Kämmen mit einer Bürste. Ein Pflegehandschuh mit Gumminoppen erfüllt den gleichen Zweck. Abgestorbenes Haar bleibt darin hängen und kann leicht entsorgt werden. Ist Ihr Boxer durch Pfützen und Äcker getollt, beseitigt ein Eimer Wasser und ein Mikrofaserlappen den Dreck. Ein Handtuch danach macht den Boxer wieder wohnungstauglich. Auch wenn der Boxer kurzhaarig ist, verliert er kontinuierlich Haare. Im Frühjahr und Herbst empfiehlt es sich, das der Jahreszeit angepasste Fell durch verstärktes Bürsten zu entfernen. Am besten mehrmals die Woche.

BADEN

Wirklich baden müssen Sie Ihren Boxer nur, wenn er sich auf seinen Erkundungsgängen in etwas, für seine Begriffe Tollem, gewälzt hat, was unsere Nasen und Augen als Beleidigung empfinden.

DIE AUGEN

Dem ausdrucksstarken Blick des Boxers sollten Sie besondere Aufmerksamkeit schenken. Sollte Ihr Boxer leicht gerötete Augen haben, hilft schnelles Eingreifen per homöopathischer Tropfen.
Bei hartnäckig entzündeten Bindehäuten und roten Nickhäuten ist natürlich ein Tier-

arztbesuch unumgänglich. Achten Sie darauf, dass es gar nicht erst dazu kommt. Mehrmals täglich sollten Sie die Hautfalte unter den Augen trocken abwischen, damit sich keine Entzündungen oder Hautpilzerkrankungen bilden können. Unschöne, braune Tränenkanäle werden so verhindert.

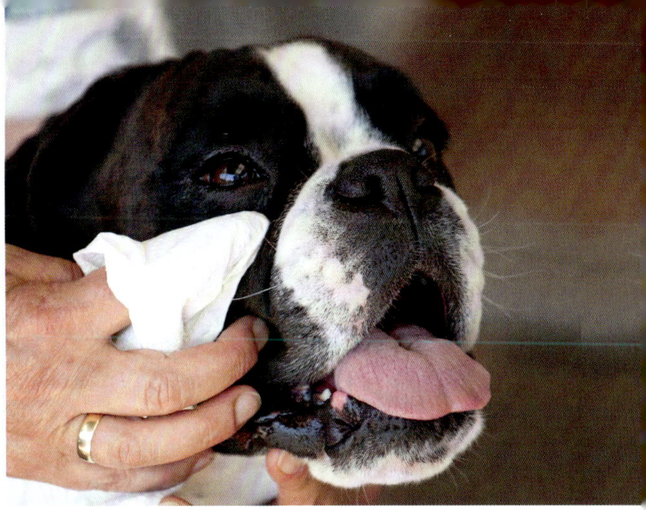

Die Falten unter den Augen mehrmals täglich trocken abwischen.

DIE OHREN

Wie bei allen Rassen mit Hängeohren sollte man in diese zwischendurch hineinschauen. Sie sollten hellrosa aussehen und sauber sein. Schmutz und abgelagerter Ohrenschmalz müssen mit einem über den Finger gestülpten weichen Lappen entfernt werden. Weiter sollten Sie in den Gehörgang nicht vordringen.
Kratzt sich Ihr Boxer auffällig am Ohr und winselt womöglich dabei, ist die Ohrmuschel rot, prall und riecht unangenehm, spricht das für eine Ohrenentzündung, die vom Tierarzt behandelt werden muss. Kontrollieren Sie die Ohrmuschel regelmäßig, werden Sie kaum Probleme mit Entzündungen haben.

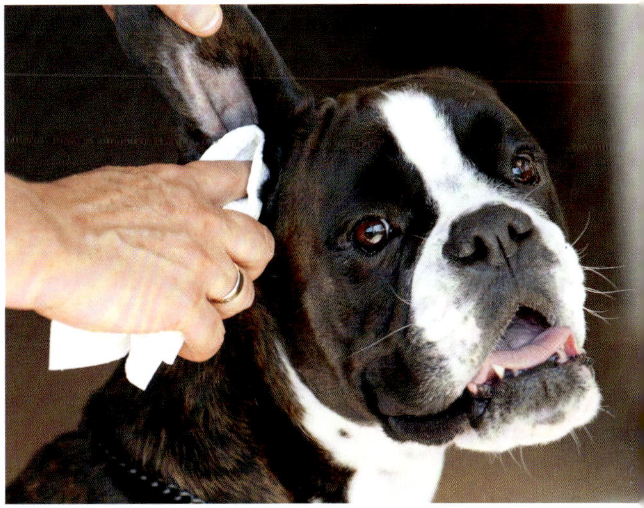

Bei der Ohrenpflege Vorsicht walten lassen.

DIE ZÄHNE

Gewöhnen Sie schon Ihren Welpen an das Zähneputzen. Dafür sind spezielle Zahnbürsten und Pasten oder Sprays im Handel erhältlich. Einmal wöchentlich durchgeführt, bildet sich weniger Zahnstein, der Hund leidet nicht an Mundgeruch und Sie haben eine Kontrolle des Gebisses. Boxer neigen zu Zahnfleischwucherungen, sogenannten Epuliden. Das Zahnfleisch bildet deutlich sichtbare Auswüchse, die das Kauen behindern. In der Regel sind diese gutartig, müssen jedoch entfernt werden, wenn sie den Boxer bei der Nahrungsaufnahme oder beim Hundesport beeinträchtigen.

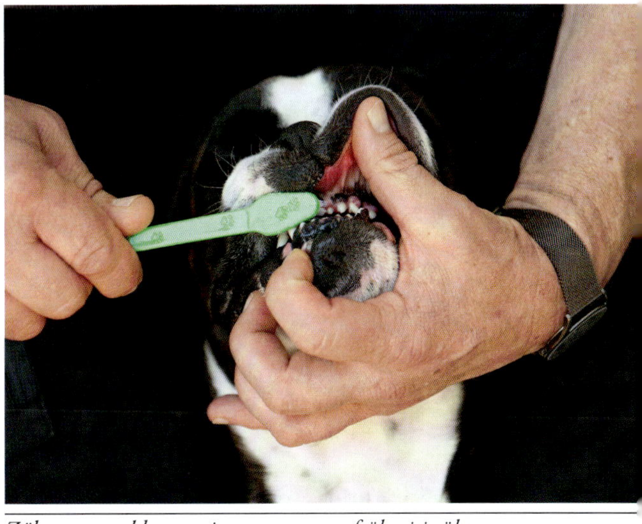

Zähneputzen klappt prima, wenn man frühzeitig übt.

DIE KRALLEN

Die Krallen laufen sich in der Regel durch die Bewegung auf hartem Untergrund ab. Manchmal ist es nötig, ungleichmäßig wachsende Krallen mit einer Spezialschere zu kürzen. Die sogenannte Wolfkralle läuft sich nicht ab und muss immer wieder kontrolliert und nachgeschnitten werden. Bei hellen Krallen ist es einfacher, da man das „Leben" rosa durchschimmern sieht. Dieses darf nicht verletzt werden. Wenn das geschieht, blutet es stark und es können Keime aufsteigen, die Entzündungen verursachen. Daher lieber wenig und dafür öfter schneiden.

Falls Sie selbst sich diese Prozedur nicht zutrauen, wird Ihr Tierarzt das für Sie übernehmen.

DIE GESCHLECHTS-TEILE UND DER AFTER

Um die Geschlechtsteile kümmert sich der Boxer normalerweise selbst. Durch Schlecken hält er sich sauber. Bei jungen Hunden ist es auch normal, dass zwischendurch ein milchiges Sekret aus der Scheide oder dem Penis austritt. Keinesfalls darf es eitrig und/ oder übelriechend sein. Das bedarf einer medikamentösen Behandlung durch den Tierarzt.

Es kann vorkommen, dass im Nachgang eines Durchfalles Ihre Hilfe gefragt ist. Diese Reinigung werden Sie mit Blick auf Ihre Wohnung gerne auf sich nehmen. Sie sollten also immer mindestens ein Papiertaschentuch in der Jackentasche haben.

Mit einer speziellen Zange klappt das Kürzen der Krallen problemlos.

IMPFUNGEN

Jeder seriöse Züchter gibt seine Welpen nur mit mindestens einer, in den EU-Heimtierausweis eingetragenen, ersten Mehrfach-Impfung ab. Diese mit 8 Wochen erhaltene Impfung stellt für Ihren Welpen den ersten Schritt zur Grundimmunisierung (nach 4 Wochen eine Wiederholung plus einmal Tollwutimpfung ab der 12. Lebenswoche) dar. Der Tierarzt hat den nächsten Termin für die erforderlichen Impfungen bereits aufgeschrieben. Lassen Sie diese Impfungen unbedingt vornehmen, damit Ihr Hund ohne Schaden heranwachsen kann.
EU-Heimtierausweise dürfen nur von einem Tierarzt ausgestellt werden. Der Tierarzt muss die Ausgabe dokumentieren und die Daten des Welpen sind verschweißt.
Es gibt Hundebesitzer, die der Meinung sind, Impfen sei überflüssig, da die betreffenden Krankheiten ausgerottet wären. Eine Fehleinschätzung. Die Krankheiten treten nicht mehr auf, weil unsere Hunde regelmäßig geimpft sind. Leider bringt der gutgemeinte Hunderettungstourismus viele vermeintlich ausgemerzte Krankheiten wieder nach Deutschland zurück und macht so Impfungen weiterhin unverzichtbar.
Ist eine Grundimmunisierung gewährleistet, bietet die Medizin mittlerweile Impfstoffe und -Kombinationen an, die nicht mehr jährlich aufgefrischt werden müssen. Sprechen Sie mit Ihrem Tierarzt.

Enger Kontakt zum Hund ist für den Bindungsaufbau wichtig – gut, wenn alle Impfungen durchgeführt wurden!

PFLICHTIMPFUNGEN

STAUPE war die verlustreichste Virusinfektion beim Hund. Es sind vor allem junge Hunde bis zu einem Alter von 6 Monaten betroffen. Staupe ist eine hoch ansteckende Infektionskrankheit, die zunächst hohes Fieber und Abgeschlagenheit hervorruft. Der Erreger befällt neben dem Verdauungstrakt den Atmungsapparat. Ist auch das Nervensystem betroffen, ist die Prognose sehr schlecht und endet oft mit dem Tod des Hundes.

PARVOVIROSE Eine hoch ansteckende akut verlaufende Infektionskrankheit. Vornehmlich betroffen sind junge Hunde im Alter von 2 – 16 Wochen und alte Hunde. Das Virus befällt die Zellen des Darmgewebes, des Knochenmarks und kann auf den Herzmuskel übergreifen. Die Ausscheidungen über den Kot sind lange, bei günstigen Bedingungen bis zu einem Jahr, infektiös.
Bei schweren Verlaufsformen tritt der Tod nach 24 – 48 Stunden ein.

LEPTOSPIROSE ist eine durch Bakterien hervorgerufene, ansteckende Infektionskrankheit. Die Sterblichkeitsrate beim Hund liegt bei ca. 10 %. Leptospiren werden von infizierten Tieren, meist Ratten, mit dem Urin ausgeschieden. Die Infektion erfolgt über die Haut oder die Schleimhäute, also beim Schnuppern der Hunde. Im Verlauf der Infektion verbreitet sich der Erreger im Blut und setzt sich in Niere, Leber, Milz und Lymphknoten fest. Der Körper bildet Antikörper, die den Erreger aus dem Blut und den meisten Geweben entfernt. In Niere und Augen können Leptospiren verbleiben. Die Leptospirose-Impfung muss in mindestens jährlichen Intervallen aufgefrischt werden.

HEPATITIS (*contagiosa canis; Hcc*) bezeichnet eine ansteckende Leberentzündung beim Hund. Das Virus wird in der akuten Krankheitsphase über Kot, Harn, Speichel und Nasensekret ausgeschieden. Die Übertragung des Erregers erfolgt meist über Ausscheidungen infizierter Tiere über das Maul. Der Erreger befällt die Blutgefäßwände, die Nieren, die Augenhornhaut und insbesondere die Leber, was zu Leberfibrose bzw. Leberzirrhose führen kann. Dank der Prophylaxe durch Impfung, in Kombination mit Staupe, Parvovirose, Leptospirose und Tollwut, tritt Hepatitis nur noch selten auf.

TOLLWUT Eine seit langem bekannte, akute Infektionskrankheit, die eine fast immer tödlich verlaufende Gehirnentzündung verursacht. Nach einer Inkubationszeit von 2 – 8 Wochen dauert die Krankheit selbst nur zwischen einem Tag und einer Woche. Eine Infektion erfolgt über den Speichel erkrankter Tiere.
Der erkrankte Hund zeigt sich aggressiv, übererregt und bellt ohne Grund. Es stellen sich Lähmungen und Schluckstörungen ein, die ein Heraushängen der Zunge bewirken. Daraus resultiert starker Speichelfluss und der oft beschriebene Schaum vor dem Maul. Die Lähmungen gehen so weit, dass der Hund sozusagen festliegt, bis er daran verstirbt.
Deutschland gilt heute zwar als tollwutfrei, nicht jedoch als frei von jeglichen Tollwutviren. Die Eindämmung bzw. Ausrottung der Krankheit wurde durch gezielte Impfkampanien der heimischen Wildtiere (v. a. von Füchsen durch Auslegen von Ködern mit Impfstoff) erreicht. In Ländern, in denen keine konsequente Kontrolle der übertragenden Tiere erfolgt, besteht nach wie vor die Gefahr einer Tollwutinfektion. Zur Bekämpfung der Krankheit gibt es im europäischen Reiseverkehr gesetzliche Regelungen für Impfungen bei Haustieren. Nach dieser kurzen Zusammenfassung wird eindeutig klar, wie wichtig evtl. sogar überlebenswichtig Impfungen für Ihren Boxer sind.

WAHLIMPFUNGEN

Zwingerhusten Eine Impfung kann für Hunde, die mit vielen Artgenossen in Kontakt kommen, z. B. bei Ausstellungen, in Hundeschulen oder bei Sportveranstaltungen uvm. durchaus sinnvoll sein.
Borreliose Durch einen Zeckenbiss übertragene, bakterielle Infektionskrankheit. Die Borreliose entwickelt sich schleichend, ohne äußere Anzeichen über Monate hinweg, was die Diagnose nicht leicht macht. Symptome sind individuell sehr unterschiedlich. Lahmheit, Schwellungen an den Gelenken oder verminderte Aktivität können Anzeichen sein. Eine endgültige Diagnose kann nur über die Laboruntersuchung erfolgen.

Zur Beachtung im Urlaub
Unter Umständen werden für Ihr Urlaubsland (England, Irland) Impfnachweise verlangt. Stellen Sie sicher, dass der Impfschutz für die Dauer Ihres Auslandsaufenthaltes gegeben ist. Informieren Sie sich, welche Impfungen bei Grenzübertritt notwendig sind.

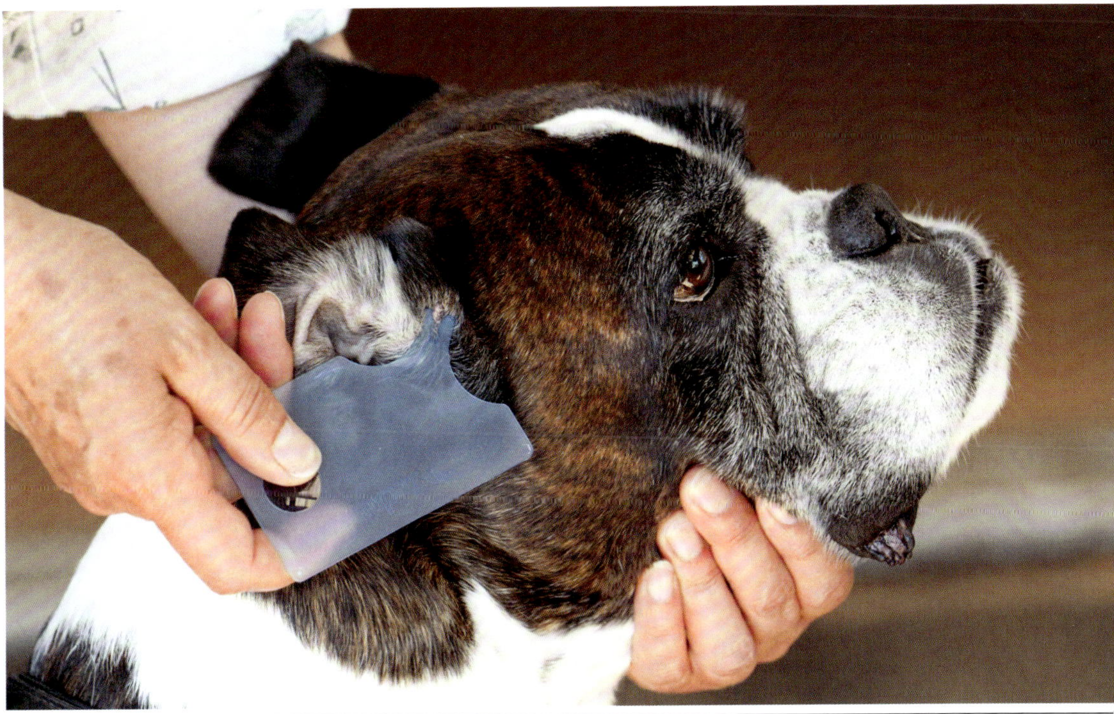

Mit der Zeckenkarte bleibt der Kopf der Zecke beim Entfernen nicht in der Haut stecken.

PARASITEN UND PLAGEGEISTER

FLÖHE, MILBEN, ZECKEN

Es ist keine Schande, wenn Ihr Boxer mal Flöhe hat. Diese kann er sich ganz schnell beim Spaziergang einfangen. Gleiches gilt für Milben. Die Schande beginnt erst, wenn Sie nichts dagegen tun, denn Parasiten können Krankheiten übertragen. Ständiges Kratzen und Schlecken lässt einen Befall vermuten. Ihr Tierarzt wird Ihnen die richtigen Bekämpfungsmethoden und -mittel erklären.

ZECKEN

Vor allem in der warmen Jahreszeit sollten Sie Ihren Boxer nach jedem Spaziergang nach Zecken absuchen. Man bekommt ein Auge dafür, und dieses Getier ist auf dem glatten Boxerfell gut zu sehen.

Hat sich die Zecke bereits festgebissen, entfernen Sie diese ausschließlich mit den im Handel erhältlichen Werkzeugen. Zeckenzangen oder Zeckenkarten beseitigen die Plagegeister zielsicher.

Keinesfalls dürfen Sie versuchen, die Zecken mit der Hand zu entfernen oder Öl auf die Körper schmieren. Es besteht die Gefahr, dass Sie den Körper der Zecke vom Kopf trennen und dieser in der Haut steckenbleibt. In jedem Fall überträgt die Zecke im Todeskampf evtl. Krankheitserreger, wie Borrelien, erst recht auf den Hund. Das frühe Entfernen der Zecken ist deshalb so wichtig, weil die Übertragung der Krankheitserreger erst ca. 16 – 24 Stunden nach dem Festbeißen der Zecke stattfindet.

Also am besten den Biss durch eine Zecke verhindern. Auch hier ist der Tierarzt der richtige Ansprechpartner, der Sie zur Prophylaxe gerne berät.

Geimpft und regelmäßig entwurmt, ist der Boxer leistungsfähig und stets zum Spiel bereit.

WÜRMER

Wurmkuren sollten Sie in regelmäßigen Abständen durchführen. Wie groß die zeitlichen Abstände sind, hängt von Ihrer Lebenssituation ab. Sind kleine Kinder im Haus, die innigen Kontakt zu Ihrem Boxer pflegen, sollten Sie in kurzen Intervallen entwurmen. Hier wird Ihr Tierarzt Ihnen helfend zur Seite stehen.

ANZEICHEN VON WURMBEFALL

- Auf dem Po „rutschen" (Juckreiz um den Anus)
- Durchfall oder Erbrechen
- Appetit und Gewichtsverlust
- Bei extremem Befall ist der Bauch aufgebläht, obwohl der Körper ansonsten mager erscheint.

Würmer finden auf verschiedenen Wegen in den Hund. Meist werden die infektiösen Eier über Kontakt mit dem Kot von befallenen Artgenossen aufgenommen. Dazu muss der Kothaufen nicht unbedingt noch erkennbar sein. Auf diesem Weg kann auch der Hundehalter an seinen Schuhen die mikroskopisch kleinen Eier oder Wurmlarven nach Hause tragen und für die Verbreitung der widerstandsfähigen Eier sorgen.
Rein äußerlich ist ein Wurmbefall des Hundes oft nicht zu erkennen. Beim Welpen jedoch können schwerwiegende Folgen für deren Gesundheit auftreten. Daher hat Ihr Züchter den Welpen bis zur Abgabe wenigstens schon 3x entwurmt.

FUCHSBANDWURM Die Entwicklung des Parasiten findet hauptsächlich im Kreislauf von Wildtieren statt. Der Fuchs als Endwirt scheidet Wurmeier über den Kot aus, welche

VOR DEM URLAUB

Reichlich vor Reiseantritt in das europäische Ausland sollten Sie dringend mit Ihrem Tierarzt besprechen, ob für Ihr Urlaubsland spezielle, vorbeugende Maßnahmen erforderlich sind. In südlichen Ländern werden durch bestimmte Moskito- bzw. Mückenarten z. B. Herzwürmerlarven übertragen. Diese Larven müssen durch entsprechende Wurmpräparate, spätestens nach der Heimkehr, ausgemerzt werden. Prophylaxe, also den Stich verhindernde Maßnahmen, kann viel Leid ersparen.

Mäuse mit ihrer Pflanzennahrung aufnehmen und zum Zwischenwirt werden. In den Zwischenwirten entwickeln sich die sogenannten Bandwurmfinnen. Die Mäuse werden von den Füchsen gefressen und der Kreislauf beginnt von neuem. Hunde können ebenfalls Mäuse fressen und wie der Fuchs zu Endwirten werden.
Der Fuchsbandwurm selbst wird nur wenige Millimeter groß. Anzeichen eines Befalls können Darmentzündung, Durchfall, stumpfes Fell und Abmagerung sein. Für den Menschen kann der Fuchsbandwurm gefährlich werden, da er im Finnenstadium Leber und Lunge befallen kann.

GIARDIEN

Giardien sind Darmparasiten, keine Würmer, sondern einzellige Mikroorganismen. Durch die Umstellung auf die neue Umgebung und dem damit verbundenen Stress für einen Welpen kann das Immunsystem geschwächt werden. Die Giardien, die bei jungen Hunden sehr, sehr häufig (man spricht von 70 % der Welpen) vorkommen, haben dann leichtes Spiel. Es können zum Teil heftige Durchfälle auftreten. Nach neuen Erkenntnissen gibt es verschiedene Genotypen der Giardien, die Artengrenzen kaum überschreiten. Es gibt Giardien, die hauptsächlich den Hund, die Katze oder auch den Menschen befallen. Die des Hundes wollen nicht auf den Menschen übersiedeln!
Die Diagnose einer Erkrankung wird über eine Kotuntersuchung gestellt.
Es gilt auch hier: Tun Sie etwas gegen den Befall und für Ihren Schützling.
Kotproben machen nur Sinn, wenn pro Tier über mindestens drei Tage hinweg mehrere Kotproben gesammelt werden. Klären Sie mit Ihrem Tierarzt ab, worauf untersucht werden soll. Für die verschiedenen Parasiten werden bestimmte Untersuchungen notwendig.

RASSESPEZIFISCHE KRANKHEITS-DISPOSITION

HÜFTGELENKSDYSPLASIE HD

Jeder Boxer muss vor dem Zuchteinsatz einen gültigen HD-Befund nachweisen. Unter HD versteht man ein nicht optimal ausgebildetes Hüftgelenk. Die Gelenkpfanne bzw. der Gelenkkopf können verschiedene Fehlbildungen aufweisen. Das Gelenk wird, je nach Ausprägung der HD, instabil, und für eine sportliche Karriere ist der belastete Hund ungeeignet. HD entsteht durch erbliche Belastung und durch Umwelteinflüsse. Seit Jahrzehnten wird auf dieses Merkmal selektiert und der VDH gibt rasseübergreifend einen Plan zur Bekämpfung der HD vor. Für alle Rassen gilt: Hunde ab einem Alter von mindestens 12 Monaten können zum HD-Röntgen vorgestellt werden. Die Röntgenaufnahme darf im Boxer-Klub jeder Tierarzt machen, der die Gerätschaft dafür besitzt. Es empfiehlt sich jedoch, sich in erfahrene Hände zu begeben. Ihr Züchter wird Ihnen gerne eine Empfehlung aussprechen.

☞ HD-BEFUNDE

HD-WERT	BEFUND
HD A1/A2	kein Hinweis auf HD
HD B1/B2	Übergangsform
HD C1/C2	leichte HD
ZUCHTAUSSCHLUSS	
HD D1/D2	mittlere HD
HD E1/E2	schwere HD

Die mittlere und schwere HD sind dank der Bemühungen der Züchter selten geworden.

Die erbliche Belastung können Sie gering halten, indem Sie auf die Befunde und den Zuchtwert der Eltern achten. Einen Garantieschein kann Ihnen kein Züchter zum Welpen dazulegen, aber aus HD-freien Elterntieren gehen weniger schwerwiegende HD-Befunde bei den Nachkommen hervor.
Die Umwelteinflüsse haben Sie selbst in der Hand. Überanstrengen Sie Ihren Welpen und Junghund nicht. Bewegen Sie ihn moderat und dem Alter entsprechend. Halten Sie Ihren Boxer schlank und ernähren Sie ihn gesund. Das gilt bis ins hohe Alter, das Ihr Boxer so erreichen wird.

HERZ (AORTEN- UND PULMONALSTENOSE)

Vor dem Zuchteinsatz muss jeder Boxer, der älter als 1 Jahr ist, einen Herz-Befund nachweisen.
Untersucht wird der Gesamteindruck des Herzens mit Schwerpunkt auf der Aorten- und Pulmonalstenose. Gemessen wird die Fließgeschwindigkeit des Blutes in den großen Gefäßen des Herzens, die das Blut herein und herauslassen. Eine ringartige Verengung (Stenose) der Gefäße beeinflusst die Blutfließgeschwindigkeit. Diese belastet mit zunehmendem Alter die Herzleistung. Diese Herzuntersuchungen dürfen nur von speziell geschulten Kardiologen des Collegium Cardiologicum per Farbdoppler-Ultraschall durchgeführt werden. Evtl. andere Schwachpunkte wie Klappenfehler oder Löcher in den Herzscheidewänden fließen in den Gesamtbefund mit ein.
Herz-Befunde werden in Grad 0 – 4 eingeteilt. Der Befund Herz 4 ist von der Zucht ausgeschlossen. Zur Zeit weisen deutlich über 90 % der untersuchten Boxer einen Herzbefund 0 oder 1 (Übergang) auf.

SPONDYLOSE

Spondylose ist eine Rückgrat-Erkrankung, die Veränderungen an den Wirbeln hervorruft. An den unteren Rändern der Wirbel-

Nur ein schmerzfreier Hund bewegt sich freudig.

körper entstehen knöcherne Zubildungen, die aufeinander zuwachsen und im weiteren Verlauf miteinander verwachsen können. Dies schränkt die Bewegungsfreiheit unserer Boxer ein. Die Ausprägung kann ganz unterschiedlich ausfallen. Die Schmerzbelastung kann von praktisch nicht vorhanden bis unerträglich sein. Eine weitere Erforschung dieser Erkrankung und damit verbundene Studien werden derzeit vorangetrieben, um den Boxer weiterhin gesund und vital zu erhalten. Spondylose wird in Grad 0 – 4 eingestuft. Der Grad 4 ist von der Zucht ausgeschlossen. Grad 3 darf derzeit nur mit Grad 0 verpaart werden.

BOXER-ULCUS

Beim älteren Boxer kann ein sogenannter Boxer-Ulcus auftreten. Zunächst sieht es aus, als hätte der Vierbeiner sich am Auge verletzt. Als Laie kann man den Unterschied nicht erkennen. Bei Augenveränderungen oder gar Verletzungen ist in jedem Fall der Tierarzt, besser noch ein Tieraugenspezialist, aufzusuchen. Beim Ulcus löst sich die oberste Hornhautschicht (Ulcus) an der Augenoberfläche von der darunter liegenden, unteren Hornhaut ab. Die Zellen der oberen und unteren Hornhautschicht verbinden sich nicht miteinander. Ein kleiner Auslöser hat zur Folge, dass die obere Hornhautschicht sich ablöst und auf Grund der gestörten Zellverbindung nicht verheilen kann.
Diese abnorme, obere Hornhautschicht wird mittels einer speziellen Raspel unter Lokalanästhesie abgetragen. Es folgt eine ca. 2 Wochen dauernde Schonungsphase und die Behandlung mit Augentropfen. Danach ist Ihr Boxer wieder ganz der „Alte". Im Übrigen erkranken auch andere Rassen an einem ulcus indolens, wie es medizinisch richtig heißt.

NICKHAUTDRÜSENVORFALL (CHERRY-EYE)

Die Nickhaut ist, wie erwähnt, das dritte Augenlid des Hundes. Dies besteht aus Bindehaut, der Nickhautdrüse und einem Nickhautknorpel. In der Nickhautdrüse werden 40 % der Tränenflüssigkeit produziert. Beim Blinzeln benetzt die Nickhaut zusätzlich die Hornhaut.
Bei jungen Hunden kann durch eine Bindegewebsschwäche die Drüse zur Nase hin ausstülpen. Die gerötete Nickhaut sieht dann wie eine Kirsche aus und die Erkrankung wird daher auch als cherry-eye bezeichnet. Eine weitere Ursache kann ein zu langer oder geknickter Nickhautknorpel sein. Die Sicht wird stark eingeschränkt. Unbehandelt führt der Nickhautdrüsenvorfall zu einem Austrocknen des Auges, da die Drüse selbst an der Luft liegt und nicht mehr zur Befeuchtung des Auges beitragen kann. Diesen Befund kann man nicht übersehen und muss in Anbetracht des Schadens, der am Auge entstehen kann, operativ behandelt werden. Die Operation fixiert die Nickhautdrüse an ihrem angestammten Platz in der Nickhaut, oder der Knorpel wird korrigiert.
Mit gewissenhafter Nachsorge wird für den Boxer kein Schaden entstehen. Eine Entfernung der Nickhaut war bis vor nicht allzu langer Zeit noch das Mittel der Wahl. Davon wird mittlerweile abgeraten, da dies das Auge auf Dauer schädigt.

WAS ES ALLES GIBT!

UNAUSGEFÄRBTE NICKHAUT

Eine Nickhaut kommt bei fast allen Tieren, auch bei Fischen und Reptilien, vor. Beim Menschen ist sie stark zurückgebildet. Dieses dritte Lid dient dem zusätzlichen Schutz des Auges. In der Regel ist die Nickhaut mit einem dunklen Rand zum Augapfel hin versehen. So soll es laut Boxer-Standard sein, und die Nickhaut ist in dem Fall ausgefärbt. Es ist beim Boxer relativ häufig anzutreffen, dass eben dieser dunkle Rand fehlt und die Nickhaut durchgängig hautfarben ist. Man spricht dann von einer unausgefärbten Nickhaut.

Für die Funktionalität des Auges spielt dies keine Rolle. Das Lid ist nicht krankhaft verändert, nur weil es rosa erscheint. Man kann es am einfachsten als weißen Fleck auf dem Auge beschreiben. Dieser schadet nicht und verursacht keinerlei Schmerzen. Auch eine Behandlung mit Tropfen oder Salben ist nicht erforderlich, da die Farbe des Augenlids angeboren ist und sich durch äußerliche Behandlungen nicht beeinflussen lässt.

Ist nur eine Nickhaut unausgefärbt, erscheint der Blick nicht ganz symmetrisch. Manche Menschen empfinden das als das persönliche Markenzeichen ihres Hundes. Sicher ist, dass es Ihrem Boxer komplett gleichgültig ist, welche Farbe seine Nickhäute haben.

KRYPTORCHISMUS

Es kann vorkommen, dass der von Ihnen ausgesuchte männliche Welpe zum Zeitpunkt der Abgabe nur einen oder keinen Hoden im Skrotum (Hodensack) sitzen hat. Diese nicht abgestiegenen Hoden liegen in der Leiste oder der Bauchhöhle. Die Umgebungstemperatur für die Hoden ist im Körperinneren zu hoch und daher müssen sie zu gegebener Zeit entfernt werden. Kontrollieren Sie den Hodenstatus regelmäßig. Sollten bis zum HD-Röntgen nicht beide Hoden abgestiegen sein, empfiehlt es sich, diese entfernen zu lassen. Dafür kann die Narkose für das Röntgen genutzt werden.

In Deutschland werden lückenlos alle Würfe kontrolliert, und Ihr Züchter wird Sie in jedem Fall über den Stand der Dinge informieren. Für die Lebenserwartung oder die allgemeine Gesundheit Ihres Boxers spielt es keine Rolle, ob er beide Hoden hat oder nicht. Hodenfehlerbelastete Boxer sind jedoch nicht zur Zucht und auch für Ausstellungen nicht zugelassen. Fragen Sie sich daher, welche Ziele Sie mit Ihrem Boxer verfolgen wollen und teilen Sie dies Ihrem Züchter in aller Deutlichkeit mit.

Unausgefärbte Nickhaut.

Weißer Boxer mit dunklen Augen.

In jeder Fellfarbe steckt ein Boxer mit viel Temperament.

RUTENDEFORMATION

Vor 1998 wurden die Ruten der Boxer grundsätzlich kupiert. In dieser Zeit ist es natürlich auch nicht aufgefallen und es war vor allem nicht von Interesse, ob die ohnehin kupierte Rute im Urzustand eine Wirbelfehlbildung, also einen Knick hatte oder nicht. Heute ist das Kupieren gänzlich für unsere Rasse verboten. Nach zwei Jahrzehnten der Boxer mit Rute, haben sich alle an diesen Anblick gewöhnt und befürworten das sichtbare, freudige Schwanzwedeln. Wie das Verbot des Kupierens der Ohren, das dem Boxer angeblich seinen Adel nahm, stieß das Rutenkupierverbot zunächst auf Ablehnung. Angeblich würden sich die Boxer ständig die Ruten blutig schlagen oder brechen. Das kann vorkommen, ist jedoch eher selten.
Allerdings können die kräftigen Ruten der großen Rüden schon mal blaue Striemen auf den Oberschenkeln hinterlassen, wenn diese sich, boxertypisch, dem Ganzkörperfreuen hingeben.
Es werden mitunter Welpen mit einer Knickrute in verschiedenen Ausprägungen geboren. Eine leichte Deformation wird vom Hund ohne Weiteres toleriert und macht ihm keine Probleme. Da diese Fehlbildung unerwünscht ist, wird dies auf Ausstellungen in die Bewertung mit einfließen. Bei starken Deformationen, die die Bewegung des Hundes einschränken oder seinen Kotabsatz behindern, wird diese Knickrute kupiert. Das dient dem Wohle des Hundes. Kupierte Hunde können, auch laut VDH, nicht ausgestellt werden. Sie dürfen zur Zucht eingesetzt werden und haben ansonsten keinerlei Verlust an Lebensqualität.

WEISSE BOXER

In jeder Fellfarbe steckt ein Boxer! Weiße oder Schecken (Boxer deren Grundfarbe von mehr als 1/3 weiß verdrängt wird) sind zur Zeit zur Zucht nicht zugelassen. Bei manchen Verpaarungen werden weiße Boxer geboren. Das geht auf die Ururahnen unserer Boxer zurück, die nur wenige farbige Abzeichen hatten und in dieser Beziehung dem Standard noch nicht entsprachen. Mit Ihrem Weißen können Sie an allen Gebrauchshundeveranstaltungen teilnehmen. Auf den Spezialausstellungen des Boxer-Klubs dürfen weiße Boxer auch ausgestellt werden.
Das Fell weißer Boxer, vor allem im Gesicht, erfordert etwas mehr Aufmerksamkeit, damit sich keine dunklen Tränenbahnen in den Falten bilden.
Futtersünden zeigt das weiße Fell schnell an. Farbveränderungen oder Rötungen der Haut sind gut zu erkennen. Möchten Sie einen Freund und Kamerad fürs Leben ohne Ambitionen für die Zucht, möchte ich an dieser Stelle eine Lanze für unsere weißen Boxer brechen.

DER ALTE BOXER
— *leben mit einem Senior*

Auch ein Boxer hat das Recht, alt und gebrechlich zu werden. Viele Vertreter unserer Rasse werden deutlich über 10, ja 13 bis 14 Jahre alt. Als Veteran gilt ein Boxer auf Ausstellungen ab dem 8. Lebensjahr.

Nur selten nimmt der Boxer seinen Ruhestand als solchen wahr. Sein Temperament, seine Neugier und sein Spieltrieb sind ungebrochen. Allerdings geht es etwas gemäßigter zur Sache. Wie bei uns Menschen auch, zwickt es hier und zieht es da. Das Herz benötigt evtl. Unterstützung. Die Gelenke und der Knochenapparat sind nicht mehr so flexibel, und es kann ein Schmerzmittel nötig werden, um die Lebensqualität zu erhalten.
Die Ernährung muss dem Alter und dem geringeren Energieverbrauch angepasst werden. Das Sofa erklimmt Ihr Senior mit Bedacht und nicht mehr im gestreckten Galopp. Genießen Sie diese wunderbare Zeit mit Ihrem Boxer. Er versteht Sie durch Handzeichen, wenn die Ohren nicht mehr alles mitbekommen. Er findet seinen Spazierweg praktisch „blind", wenn die Sehkraft nachlässt.
Alles Anstrengende an seinem Wesen liegt hinter ihm und Ihnen. Was bleibt ist Treue und Freundschaft gepaart mit dem Schalk vergangener Tage im Blick der Oldtimer.
Nach einem aufregenden, freudestrotzenden Leben, das Sie begleiten durften, gehört es zu Ihrer letzten, wenn auch schwersten Aufgabe, den letzten Weg für Ihren Boxer würdevoll zu gestalten.
Wenn die schlimmen Momente die schönen überwiegen, die Last der Schmerzen zu groß für Ihren Liebling wird, lassen Sie ihn gehen. Seien Sie dankbar für die Zeit und Freude, die er Zeit seines Lebens geschenkt hat. Egoismus, noch einige Tage mit ihm verbringen zu wollen, muss zurückstehen.
Nehmen Sie sich Zeit oder holen Sie ein kleines Boxerbaby in Ihr Haus und Ihr Herz. Ihr Veteran würde Sie sicher nicht traurig sehen wollen.

Auch der ältere Boxer bleibt neugierig und aufmerksam.

Spaß an der Arbeit bis ins hohe Alter.

13 Jahre und kein bisschen weise.

Langweilig wird es mit dem Boxer nie!

GESCHICHTE EINER HUNDEBEGEGNUNG

— spannend und schön!

Was gibt's Schöneres zu beobachten? Entspannen Sie sich und genießen Sie das Spiel Ihrer Hunde. Aber natürlich mit Sinn und Verstand. Nicht jeder Hund mag jeden. Muss er auch nicht. Nicht jeder Hund mag jeden Tag spielen. Nicht jeder Hund, den Sie treffen, ist gut sozialisiert.

05 Der Gestromten ist die Gelbe nicht geheuer.

06 Aber dann … full speed rein ins Vergnügen.

01 Zwei Hündinnen, die sich nicht kennen.

02 Die Gelbe ist erwachsen, die Gestromte 6 Monate alt.

03 Schnuffeln und Schnauzelecken.

04 Der erste Sprint. Die Gelbe beginnt.

07 Kurzer Stopp.

08 Entspanntes Miteinander.

IMMER MIT DABEI — *Erziehung, Ausbildung, Beschäftigung*

EIN ANGENEHMER BEGLEITER VON ANFANG AN

Die allermeisten Boxer werden nicht an Hundesportler vermittelt, sondern an Menschen, die einen freundlichen, treuen Begleiter für sich oder die Familie suchen. Damit Ihr Welpe diesem Anspruch im Erwachsenen-Alter gerecht wird, benötigt das Boxerkind eine alltagstaugliche Erziehung. Diese beginnt schon am ersten Tag, den Sie gemeinsam verbringen.

Seinen Namen hat der Welpe beim Züchter zwar schon gehört, er fühlt sich aber nur im Glücksfall angesprochen. Sprechen Sie Ihr Boxerbaby möglichst oft mit seinem Namen an, wenn Sie etwas von ihm möchten. Dies gilt sowohl für ein Lob wie für den Tadel. Das Lob für den kleinen Boxer wird immer übertrieben freundlich und mit heller Stimme ausgesprochen. Ein Leckerchen dazu verstärkt das angenehme Gefühl für Ihren Welpen. Und ein Lernerfolg wird sich schnell einstellen.

Ein Tadel muss immer sofort erfolgen. Ein scharfes, lautes „Nein" wirkt Wunder, wenn der Boxer auf frischer Tat ertappt wird. Ein zeitverzögertes Schimpfen verfehlt seine Wirkung, da der Hund an sich nur eine sehr kurze Verknüpfungsspanne hat. Wobei hier nicht in Minuten, sondern in Sekunden gedacht werden muss. Kommen Sie nach Hause und wollen Ihren Boxer für das abgerollte Klopapier bestrafen, wird er Sie zwar betroffen anschauen, aber nicht wissen, warum Sie so sauer sind.

Besser ist es da, die Situation zu provozieren, die Sie abstellen möchten. Legen Sie die Rolle bewusst vor dem Tunichtgut ab und bestrafen ihn mit der Stimme, wenn er versucht mit der Rolle zu spielen.

Schläge mit der gefalteten Zeitung oder körperliche Gewalt werden nur Gegenwehr hervorrufen. Druck erzeugt Gegendruck. Sie müssen dem kleinen Boxerle schon klarmachen, dass es nur einen gibt, der bestimmt, und das ist nicht er!

Beobachten Sie den kleinen Boxer, damit er nur frisst, was er soll.

RÜCKRUF

Zu den ersten Übungen muss das zuverlässige Kommen gehören. Ihr Boxer MUSS kommen, wenn er gerufen wird, auch unter Ablenkung darf er nicht unkontrolliert wegrennen.

Das kann zu schlechten Erfahrungen für Hund und Halter führen. Zum einen, wenn die freudig begrüßten Mitmenschen die überschwängliche Begrüßung gar nicht mögen und sich womöglich bedroht fühlen. Das kann zu amtlichen Auflagen führen, die die Bewegungsfreiheit Ihres Boxers, evtl. durch einen Leinenzwang, deutlich einschränken. Zum anderen sind nicht alle Artgenossen auch vermeintliche Spielkameraden. Eine über die Distanz geführte Absprache mit dem anderen Hundeführer und eine vorsichtige Annäherung mit der Leine vermeiden Missverständnisse und Rangeleien. Auch ein Boxer hat spezielle Freunde oder Feinde, denen man besser aus dem Weg geht. Das Gerücht über einen „Welpenschutz“ ist nicht auszurotten. Dieser existiert nicht! Lassen Sie Ihr Boxerkind nicht einfach auf ausgewachsene Hunde, egal, ob Rüde oder Hündin zulaufen. Das kann böse für den Zwerg enden. Deswegen ist das erste Kommando, dass Ihr Welpen lernen muss: „Hier!“ Üben Sie dies wie bereits beschrieben vom ersten Tag an mit Leckerchen oder auch Klicker. Beides kann man beizeiten abbauen und es erfolgt nur noch gelegentlich eine Belohnung.

Zeigen sich beide Hunde freundlich, lohnt sich ein freundliches Näherkommen.

Wenn Sie alles richtig gemacht haben, wird der Boxer gerne im gestreckten Galopp zu Ihnen zurückkommen.

Ein kuscheliger Platz erleichtert das Warten auf die Rückkehr der Menschen.

ALLEINE BLEIBEN

Für die ersten Wochen nach dem Einzug des Welpen haben Sie sich ausgiebig Zeit und auch Urlaub genommen. Doch es kommt die Zeit, in der der junge Boxer auch mal alleine bleiben muss.

Fangen Sie rechtzeitig damit an, Ihren Temperamentsbolzen an die Situation zu gewöhnen. Auf Anhieb wird er nicht verstehen, warum niemand mehr für ihn da ist. Den Halbstarken unbeobachtet in einem Zimmer oder der Wohnung zu lassen, ist gewagt und mutig. Unvorstellbar, was man alles annagen kann!

Zunächst scheint es so, als würde der kleine Boxer brav schlafen, bis seine Menschen wieder nach Hause kommen. Das Bild trügt und mit zunehmender Eingewöhnung wird die Wartezeit langweilig. Manche Boxer versuchen, durch Jaulen und Bellen auf sich aufmerksam zu machen, andere versuchen durch Hochspringen an der Tür, diese zu öffnen und der Langeweile zu entfliehen. Angefressene Möbel, zerfetzte Kissen oder leichtsinnigerweise stehengelassene Schuhe fallen der Ersatzbefriedigung zum Opfer. Das hat allerdings den Vorteil, dass künftig alle Menschen ihre Schuhe im Schuhschrank verstauen.

Auch im Schlaf auf das Fenster ausgerichtet, um die Rückkehr nicht zu verpassen.

Eine klappbare Gitterbox im Wohnbereich bei den Menschen ist sehr hilfreich, um den Boxer erfolgreich an das Alleinebleiben zu gewöhnen.
Am Anfang steht ein Leckerchen, dass in die Box geworfen wird, um das Boxerkind in die Box zu locken. Das wird mehrmals täglich wiederholt. Beizeiten wird der Welpe auch mal freiwillig in der Box verweilen. Schließen Sie bewusst die Tür und begeben sich für einen kurzen Augenblick außer Sichtweite. Loben Sie Ihren jungen Hund ausgiebig, wenn er ohne Jammern gewartet hat, bis Sie die Tür wieder öffnen. Und wieder ein Gutti als Gedächtnisstütze.

Diese Übung wird fortlaufend mit immer längeren Wartezeiten peu-à-peu gesteigert. Gehen Sie für einige Minuten aus dem Raum. Verlassen Sie die Wohnung bzw. das Haus und proben Sie den Ernstfall. So trainiert, wird es keine Überraschung für Ihre Samtschnauze sein, alleine bleiben zu müssen.
Ihr guter Vorsatz, den Boxer nicht alleine lassen zu wollen, wird in der Praxis nicht umsetzbar sein. Gesetzt den Fall, Sie wollen ins Theater gehen, einen Krankenhausbesuch machen oder nur einen Einkauf erledigen. Bei Sonnenschein und sommerlichen Temperaturen ist Ihr Boxer zuhause deutlich besser aufgehoben als in einem überhitzten Auto.
Wie lange Ihr heranwachsender Boxer zuhause in der Box Ihre Abwesenheit überbrücken kann, hängt von dessen Temperament und Einsichtigkeit ab. Einige Monate Training wird es in jedem Fall dauern. Probieren Sie es aus und verlängern Sie gegebenenfalls die Sicherheitsverwahrung. Besonders schön ist eine Gitterbox im Wohnzimmer nicht, aber in Anbetracht der intakten Möbel werden Sie dieses Übel für eine absehbare Zeit gerne in Kauf nehmen.

AUTOFAHREN

Dies ist wie alles im Hundeleben reine Gewohnheits- und Übungssache. Trainieren Sie das Fahren im Wagen zunächst in kurzen Einheiten. Ist der Boxer daran gewöhnt, angeschnallt auf der Rückbank, auf der Ladefläche hinter einem Gitter oder in einer Box die Welt an sich vorbeifliegen zu sehen, sind auch lange Reisen in den Urlaub kein Problem. Normalerweise fahren Boxer gerne Auto. Es gibt verschiedene Einstiegshöhen bei den diversen Fahrzeugtypen. Sicher werden Sie Ihren kleinen Boxer in den Wagen heben. Den jungen Hund werden Sie lediglich beim Sprung in und aus dem Auto unterstützen. Der erwachsene Boxer wird über Jahre hinweg gerne und mit Schwung auf seinen Platz springen.

Der Senior dann benötigt wieder Ihre Hilfe beim Einstieg. Es werden Einstiegshilfen für Hunde in diversen Ausführungen angeboten, über die ein leichter Zugang zum Fahrzeug gewährleistet werden kann. Versorgen Sie Ihren Hund immer und immer wieder mit frischem Wasser. Denken Sie daran, ihn an geeigneter Stelle, auch und vor allem bei langen Fahrten auf der Autobahn, Gassi zu führen.
Im Bedarfsfall ist es einfacher, die Schnellstraße kurz zu verlassen und einen Feldweg anzusteuern. Die knapp bemessenen Grünstreifen auf Rastplätzen sind kaum für einen Spaziergang mit einem ausgeruhten Boxer geeignet.
Lassen Sie Ihren Boxer niemals im geschlossenen Fahrzeug in der Sonne stehen. Der Betrieb der Klimaanlage während der Fahrt

Muss der Boxer im Auto warten, parken Sie im Schatten und lassen die Heckklappe offen.

spielt im stehenden Auto keine Rolle. Das Fahrzeug erhitzt sich rasend schnell. Der Tod durch Überhitzung des Hundes tritt in einem aufgeheizten Wagen schon nach ca. 15 Minuten ein! Im Bedarfsfall decken Sie Ihr Fahrzeug mit einer Folie, die die Sonnenstrahlung reflektiert ab. Öffnen Sie stets Fenster und Heckklappe. Die Klappe kann mit einer speziellen Stange, die das Abschließen des Fahrzeugs erlaubt, fixiert werden und sichert die Luftzufuhr.
Frostige Temperaturen sind für den im Fahrzeug zurückgelassenen Boxer ebenso inakzeptabel. Der Hund kann den Innenraum durch seine bloße Körperwärme nicht aufheizen. Sind Sie im Besitz einer Standheizung, sollten Sie diese unbedingt laufen lassen. Tun Sie Ihrem Liebling einen Gefallen und lassen ihn bei beiden extremen Wetterlagen lieber zuhause.

TISCHMANIEREN

Wie benimmt sich Ihr Boxerle, wenn Sie selbst gerne etwas zu sich nehmen möchten? Setzen Sie sich an den Tisch, geht der Boxer in sein Körbchen. Stellen Sie von Anfang an klar, dass es für Hunde am Tisch nichts zu fressen gibt. Niemals und von Niemandem. Dies gilt insbesondere für Kinder, Familienmitglieder, die nur ab und an zuhause sind und uneinsichtige Gäste. Der schmachtende Blick der Samtschnauze muss unbeachtet bleiben. Ein Boxer, für den am Tisch, wenn auch nur manchmal, etwas abfällt, wird immer am Tisch betteln. Das ist für alle Beteiligte unangenehm. Dem Boxer läuft, in Erwartung eines Leckerbissens, das Wasser im Maul zusammen und das Ergebnis zeigt sich als Pfütze auf dem Boden. Das ist keine boxerspezifische Erscheinung. Das können alle Hunde in allen Größen.
Zuhause ist eine räumliche Entfernung zum Esstisch von Vorteil. So kommt niemand in Versuchung, etwas fallen zu lassen.

Während der Mahlzeit der Menschen gehört der Boxer auf seinen Platz.

Ab einem gewissen Alter des Boxers haben sich Mensch und Hund an den Ablauf gewöhnt und bedarf keiner weiteren Beachtung. Betteleien wird es ein Boxerleben lang nicht geben, wenn diese Regel einige Monate konsequent beachtet wird.
Der Boxer gehört im Restaurant, angeleint natürlich, unter den Tisch. Idealerweise nehmen Sie eine Decke mit. So weiß der Vierbeiner gleich, wo er hingehört.
Fazit: Nehmen Sie genügend Laken und Decken mit in den Urlaub, um gegebenenfalls die Möbel abdecken zu können. Der Hotelier wird es Ihnen danken und Sie auch beim nächsten Aufenthalt mit Boxer gerne begrüßen.

ZUR BEACHTUNG

Was Ihr Boxer soll und darf, ist IMMER erlaubt. Darf Ihr Hund auf das Sofa, wird er dieses Recht auch in der Ferienwohnung einfordern. Er kennt den Unterschied zwischen heimischer Couch und fremdem Eigentum nicht.

„Seine“ Decke wird überall zu seinem Platz.

DER BOXERPLATZ

Schon das Boxerkind muss wissen, wo und was sein „Platz“ ist. Es hat seine Vorteile, wenn Sie ihn auf diesen verweisen können. Besonders praktisch, wenn Sie der Hausarbeit nachgehen oder Gäste im Haus sind. Das Körbchen, also der „Platz“, steht an einem festen Ort. Locken Sie Ihren Kleinen mit Leckerchen und versuchen Sie, ihn auf diesem Platz verweilen zu lassen. Setzen Sie sich dazu und machen diesen Aufenthalt durch Streicheln und gutes Zureden angenehm. Als nächster Schritt wird nur noch ein Leckerchen in den Korb geworfen. Aller Anfang ist schwer und es kann schon mal anstrengend sein, immer wieder das gleiche Ritual zu wiederholen. Lassen Sie sich nicht entmutigen, bleiben Sie dran. Der Boxer wird es verstehen und Sie haben die nächsten Jahre, dann ohne Leckerli, Ruhe. Er wird seinen angestammten Platz einnehmen und auch ohne Aufforderung dort liegen wollen.

WARTEN

Eine wichtige Übung für Ihren Vierbeiner ist es, eine kleine Zeitspanne auf Sie zu warten. Dies kann nötig werden, wenn Sie in ein Geschäft gehen möchten, um sich eine Zeitung oder ein Eis zu kaufen. Der Boxer wird zunächst an geeigneter Stelle angebunden. Sie bleiben daneben stehen, um sicher zu gehen, dass er mit der ungewohnten Situation zurechtkommt. In kleinen Schritten erhöhen Sie bei jedem neuen Versuch den Abstand zwischen sich und dem Hund. Letztendlich gehen Sie aus dem Sichtfeld. Bei richtigem, ruhigem Abwarten wird natürlich ordentlich gelobt.

WER IST DER BOSS?

Der Hund ist ein Rudeltier. In jedem Rudel herrscht eine Rangordnung, die den inneren Frieden sichert. Sie tun sich und Ihrem Vierbeiner keinen Gefallen, wenn Sie ihn antiautoritär erziehen wollen. Damit ist der Wauz komplett überfordert. Der Hund ist fur klare Befehle und ein deutige Kommandos dankbar. Das weist ihm seinen Platz in der Familie, seinem Rudel, eindeutig zu.

Selbstständig kann und soll Ihr Boxer gar nichts entscheiden. Ein einmal ausgesprochenes Kommando muss ausgeführt werden. In einem natürlichen Rudel wäre es nicht anders. „Hier" heißt „Hier" und nicht: „Ach, lass ihn doch, er kommt dann schon". Es erfordert eine gute Portion Konsequenz, bis es sicher klappt, aber so stellen Sie klar, wer das Sagen hat.

Eine kleine Übung, die überall ausgeführt werden kann: Ihre Samtschnauze kommt freudig auf Sie zu gerannt und will JETZT spielen. Erteilen Sie ihm eine Absage, wenden Sie sich demonstrativ ab und schicken ihn auf seinen Platz oder wieder weg. Er wird überrascht sein, aber sich fügen. Wendet er sich enttäuscht ab, rufen Sie ihn zu sich und fordern ihn zum Spielen auf. Er wird sich über alle Maßen freuen. Das Boxerle hat gelernt, dass die Entscheidungsgewalt ausschließlich bei Ihnen liegt.

WICHTIG!
Geheime Abkommen mit anderen Familienmitgliedern wird der Boxer durch sein Verhalten verraten.

Jede Aufforderung zum Spiel wird liebend gerne umgesetzt.

Ich bringe dir mal etwas!

Ich habe mir mal etwas geholt.

AUS UND PFUI

Es ist wichtig, dass Ihr Boxerkind lernt, sich ins Maul fassen zu lassen bzw. sich etwas aus dem Maul nehmen zu lassen. Auf ein Kommando „Aus" muss auch der Knochen hergegeben werden.

Vor allem wenn Kinder im Haushalt leben, darf das Boxerkind herumliegendes Spielzeug oder einen Keks in Kinderhand nicht für sich beanspruchen. Schon von klein auf wird trainiert, sich alles aus dem Maul nehmen zu lassen.

Wenn er brav mitarbeitet, darf er seinen Kauartikel, den er abgegeben hat, wiederbekommen. So wird das Hergeben müssen nicht als negativ empfunden. Bei Spaziergängen kann es lebensrettend sein, wenn der Boxer einen unter Umständen vergifteten Köder aufnimmt und diesen auf Kommando wieder fallen lässt. Der Erfolg tritt nur mit viel Übung der verschiedenen Szenarien ein.

VERTRAUEN

Die Grundlage jeder Erziehung ist Vertrauen. Verhalten Sie sich Ihrer Samtschnauze gegenüber fair und souverän. Loben und belohnen Sie, vor allem bei jungen Hunden, erwünschtes Verhalten. Sie kommen von Ihrem Einkauf nach Hause, der Boxer war ruhig, die Wohnung ist im gleichen Zustand wie Sie sie verlassen haben? Loben Sie ausgiebig und drehen eine kleine Runde oder lassen Sie Ihren Boxer in den Garten. So wird das Alleinebleiben schnell nur ein Mittel, um zu Lob und einem Spaziergang zu kommen.

Unerwünschtes Verhalten sollte weitgehend unbeachtet bleiben. Hat der Racker den Schuh vor einer halben Stunde zerlegt, kann er Ihren jetzt ausgesprochenen Tadel nicht mit seinem Fehlverhalten in Zusammenhang bringen.

Anders verhält es sich mit dem Erwischen auf frischer Tat. Lautstarkes Schimpfen wird den entsprechenden Effekt erzielen. Körperliche

Grundlage jeder Erziehung ist das unerschütterliche Vertrauen des Boxers zu Ihnen.

Einwirkungen werden nur missverstanden und führen im schlechtesten Fall zu aggressivem Verhalten des Hundes, weil er sich nicht anders zu helfen weiß. Ist das Vertrauensverhältnis zu Ihrem Boxer ungetrübt, werden Sie auch keine Probleme beim Tierarzt haben. Ihr Tierarzt wird es zu schätzen wissen, wenn er seinen Patienten abtasten, abhören, gegebenenfalls Blut entnehmen oder eine Röntgenaufnahme machen kann, ohne dass nach ihm geschnappt wird. Ihr Boxer wird sich vorbildlich verhalten, da er weiß, dass ihm in Ihrer Gegenwart nichts Schlimmes zustoßen wird.

HUNDESCHULEN

Diese sind für Boxerkinder und Halbstarke interessant, weil sie hier den Umgang mit Artgenossen beiderlei Geschlechts lernen können. Es wird ein Zusammentreffen verschiedener Rassen ermöglicht.
Erste Schritte zur Alltagstauglichkeit unter Anleitung können in guten Hundeschulen vermittelt werden. Entscheiden Sie früh, ob Sie professionelle Hilfe benötigen. Hat der Rabauke erst einmal gelernt, dass er Ihnen auf der Nase herumtanzen kann, wird es mühsam, die Unarten wieder herauszuarbeiten. Besser, das Boxerle lernt erst gar kein rüpelhaftes Verhalten.
Achten Sie darauf, dass zu den Übungsstunden alters- und größenangepasste Hundegruppen gebildet werden, damit alle Zwerge ihrem Alter entsprechend gefördert werden können.

BOXER-KLUB

Es gibt ca. 280 Ortsgruppen innerhalb des Boxer-Klubs, die Sie als Mitglied nutzen dürfen. Dort gibt es genügend Boxerverrückte, die Ihnen in jedem Fall weiterhelfen können und viele Tipps zur rassespezifischen Ausbildung geben werden. Hier finden Sie kompetente Ansprechpartner, wenn Sie Ihren Boxer in der Zucht einsetzen wollen.

Disziplin wird von Hund und Mensch gefordert, wenn ein Spaziergang gesittet vonstatten gehen soll.

DER SPAZIERGANG

Wenn Sie es mit dem ehemaligen englischen Premierminister Winston Churchill halten und seinem (angeblichen) „No sports", dann werden Sie mit einem Boxer nicht glücklich. Wenn Sie Bewegung an frischer Luft lieben, dann nur zu. Ihr Boxer wird Sie gerne begleiten.
Und es gibt so viele Möglichkeiten! Ein fröhlicher Spaziergang benötigt keine großen Vorbereitungen. Und damit ist nicht die kurze „Gassi-Runde" gemeint, die mehrfach täglich unter Mitnahme einer Kot-Tüte absolviert werden muss.
Oftmals ist der Spaziergang, die große Hunderunde (bei uns auch HuRu genannt), das Highlight des Tages. Meistens sind es altbekannte Strecken. Der Hund weiß, wo's hingeht und schnüffelt interessiert die neuesten Nachrichten. Er tobt mit seinen Hundefreunden oder buddelt ein bisschen nach Mäusen oder einfach nur so. Vielleicht trifft er auch einen Erzfeind, den er mal verbellen muss. Er hat jedenfalls seinen Spaß.
Und der Boxerbesitzer? Geht flotten Schrittes seines Weges und genießt sein Leben ebenfalls.
Aber mit etwas Fantasie und Spaß an der Beschäftigung mit dem Vierbeiner, lassen sich zwischendurch immer mal wieder kleine Spiele und Übungen einbauen.
Diese Beschäftigung mit dem Hund hat verschiedene positive Wirkungen. Das Zusammenspiel mit dem Besitzer fördert die Kommunikation und Bindung zwischen Herr und Hund. Es kann den Boxer dazu bringen, von Dingen, die eher nicht unseren Interesse entsprechen, Abstand zu nehmen. Unser Boxer merkt, dass nicht nur das Laufen, das Spielen mit anderen Hunden und das Schnüffeln Spaß machen. Der Boxer lernt, auf den menschlichen Begleiter zu achten. Auch hier gibt's jede Menge Spaß. Es lohnt sich für den Hund, sich an seinem Menschen zu orientieren.

Erziehung vom feinsten – Boxer an der lockeren Leine!

Es kann, z. B., bei jagdlich interessierten Hunden eine sinnvolle Ersatzbeschäftigung sein. Allerdings sind Boxer normalerweise keine passionierten Jäger.
Außerdem lastet Kopfarbeit auf Spaziergängen den Hund wesentlich besser aus, als reines Laufen. Konzentriertes Arbeiten macht die meisten Hunde müder, als 2 Stunden reiner Spaziergang.
Um die Aufmerksamkeit des Hundes zu erhöhen und die Spaziergänge interessanter zu gestalten, kann man z. B. öfter mal neue Wege gehen. Das ist nicht nur für den Hund spannend. Auf immer gleichen Hunderunden kennt man bald jeden Stock und Stein und der Hund jeden markierten Strauch und Baum. In neuer Umgebung sind die meisten Hunde deutlich aktiver, schnüffeln und bewegen sich mehr. Auch bietet jede Umgebung eigene Auslastungsmöglichkeiten und Herausforderungen.

Bevor man den Hund in neuer Umgebung aber ableint, sichert man sich besser dessen Aufmerksamkeit. Mit dem Lösen der Leine darf der Hund nicht einfach lossausen. Erst muss er sich einen Moment auf seinen Menschen konzentrieren. „Leinen los" darf keinesfalls bedeuten, dass der Hund nun tun und lassen kann, was er will. Vielleicht lässt man ihn erst einmal sitzen und warten. Oder man fordert einen Blickkontakt, bis man ihn freigibt. Man kann auch erst einmal ein paar Schritte „Freifolge" – das Fußlaufen ohne Leine – üben. Diese Konzentrationsübungen werden sich als nützlich erweisen, wenn die Umgebung spannend ist oder es zu Hundebegegnungen kommt. Mit viel Übung bleibt der Boxer sicher an Ihrer Seite.

Natürlich gibt es auch für die Hunderunde ein paar Konventionen. Ein paar Grundregeln, die man beachten sollte, um sich verantwortungsvoll gegenüber seinen Mitmenschen und deren Hunden (oder Mitmenschen ohne Hunde) zu verhalten.
Selbst wenn der Boxer gut erzogen ist, niemals etwas tut, was er nicht darf und auch ansonsten die Freundlichkeit und Höflichkeit in Person ist, in bestimmten Situationen sollte die Leine beim Hundespaziergang der Sicherheit halber lieber dran bleiben. Im Straßenverkehr, z. B., oder bei Begegnungen mit fremden Hunden. Kinderspielplätze, Naturschutzgebiete, Weiden und andere Orte, an denen ein freilaufender Hund u. U. problematisch werden könnte.

Freilauf kann man ihnen gönnen, wenn der Rückruf klappt.

Manche Boxer sind richtige Wasserratten.

Auch haben manche Menschen Angst vor Hunden, weshalb man ihn lieber im Auge bzw. angeleint hält. Mit Boxern begegnet man übrigens nur zwei Sorten von Leuten. Die einen stürzen voller Begeisterung mit dem Ausruf „so einen hatten wir (oder die Eltern oder die Nachbarn) auch einmal. Er war der beste Hund der Welt" auf unseren Boxer zu und knuddeln ihn ungefragt. Die anderen wechseln die Straßenseite und murmeln etwas von wegen „hässlich" und „sabbern". Und besser, man hat immer eine Tüte bei sich. Niemand tritt gerne in Hundehaufen.
Beim Spaziergang (und auch sonst, versteht sich) soll der Hund auf seinen Menschen achten, nicht umgekehrt. Trödelt der Hund, verspielt sich oder ist zu sehr mit eigenen Dingen beschäftigt, geht man entschlossen weiter, ohne seinen Hund zu rufen. Läuft er zu weit vor, versteckt man sich und wartet, bis der Hund einen findet. Allerdings muss man dabei darauf bedacht sein, seinen Hund nicht wirklich aus den Augen zu verlieren. Letztendlich trägt man die Verantwortung und niemandem soll etwas passieren. Und Herrchen (oder Frauchen) zu verlieren kann einem Hund schon zusetzen.
Falls etwas auftaucht, wo der Hund gerne hin möchte, wie z. B. Jogger oder Radfahrer oder andere Hunde, dreht man sich um und entfernt sich, nicht ohne sich möglichst interessant zu machen. Hinterherlaufen und einfangen ... Da hat man als Mensch keine Chance! Je nach Hund unterstützt eine Schleppleine die „richtige" Entscheidung des Hundes.
Zum Besitzer zu kommen muss für den Hund einfach toll sein. Leckerlies, Spiel, Streicheln, freundliche Worte ... Herrchen ist der Größte! Ein Hund, der weiß, dass er nur gerufen wird, wenn er etwas Interessantes sieht, der wird das sicherlich nicht gerne tun. Wenn er denn kommt.
Überhaupt muss sich Kommunikation lohnen. Dreht der Hund sich zu seinem Menschen um, muss ein Feedback kommen. Ein gesprochenes Lob oder eine Einladung zu einem kurzen Kraulen, eine Richtungsangabe oder auch mal ein Spiel. (Jeder Boxerbesitzer hat üblicherweise ein Bällchen dabei.) Jeder Blick des Hundes ist eine Kontaktaufnahme. Kommt da nichts zurück vom Menschen, wird der Hund das Verhalten irgendwann einstellen, es lohnt sich nicht für ihn.

RADFAHREN

Radfahren ist eine schöne Beschäftigung mit Boxer. Haben doch seine Eltern schon gezeigt, dass 20 km am Fahrrad bei der Ausdauerprüfung etwas sind, was den Boxer meist weniger fordert als seine fahrradfahrende Begleitperson. Aber hier ist „Prüfung". Hier gelten feste Regeln. Und Achtung: Die Situation am Fahrrad ist für den Hund eine andere als für den Menschen. Besonders im Sommer, wenn die Außentemperaturen höher sind und manchmal auch schon recht sommerliche 22 °C übersteigen, sieht man häufig Hunde am Fahrrad. Wenn man luftig gekleidet sich den Fahrtwind um die Nase wehen lassen und die Abkühlung genießen kann, wird's für den Hund schwer. Auch für ihn ist's warm. Aber ihm nützt der Fahrtwind wenig. Er regelt seine Temperatur über Hecheln. Die Schweißdrüsen an den Pfoten tragen nicht allzu viel zur Abkühlung bei. Mal abgesehen davon, dass sie auch auf dem meist sehr warmen Untergrund unterwegs sind.

Herr und Hund…

GEWÖHNUNG

Um den Hund das Begleiten am Fahrrad beizubringen, ist es nützlich, wenn er schon leinenführig ist, d.h. an lockerer Leine entspannt nebenher geht. Man gewöhnt seinen Boxer langsam an das Fahrrad und das Laufen daneben, indem man ihn zuerst mit dem Rad vertraut macht. Vielleicht hat er auch als Welpe oder Junghund schon fahrradfahrende Mitmenschen kennengelernt, so dass ihn klappernde Metallteile oder quietschende Bremsen nicht wirklich stören. Zunächst einmal geht man mit Hund und Fahrrad spazieren. D. h. das Fahrrad wird auf der linken Seite geschoben, während der Hund an der Leine zur Rechten geführt wird. Wenn er jetzt überholen will oder nach vorne schießt, steht man noch sicher mit den Füßen auf dem Boden. Außerdem kann man durch eine Lenkbewegung des vorderen Rades dem Hund den Weg abschneiden und ihn damit im Zaum halten. Er wird merken, dass es für ihn besser ist, auf gleicher Höhe zu bleiben. Sobald das klappt, kann man, je nach Fahrkünsten, das Rad quasi als Roller benutzen oder schon mal aufsteigen und langsam radeln, aber immer darauf gefasst sein, dass der Hund erschreckt, zieht oder stoppt. Das übt man sinnvollerweise ohne viel Verkehr. Dann kann man sich auf seinen Hund konzentrieren und ihn auch beim Fahren korrigieren und lenken. Wenn das klappt, kann's losgehen.
Um den Hund nicht zu überfordern, passt man das Tempo immer dem Hund an. 12 – 15 km/h ist das Tempo, in dem ein Boxer die Ausdauerprüfung absolvieren soll. Natürlich kann man auch mal richtig in die Pedale treten und Gas geben, aber so ein Sprint ist nicht das „Reisetempo" eines Boxers.

... in trauter Zweisamkeit.

JUNGE HUNDE

Mit jungen Hunden soll man natürlich vorsichtig sein. Deren Gelenke sind noch sehr anfällig für Verletzungen. Und auch bei Hunden im Seniorenalter sollte man sich lieber das OK vom Tierarzt einholen. Boxerbesitzer fangen üblicherweise mit dem Fahrradfahren an, wenn der Hund 12 Monate alt ist. Dann kann man die Zuchtuntersuchungen machen lassen und der Hund ist auf „Herz und Nieren“ gecheckt. D. h. man hat einen Herzultraschall machen lassen sowie die Hüfte geröntgt.

Wenn der Hund das Begleiten am Fahrrad von Anfang an richtig lernt, wird er mit Unarten wie Ziehen an der Leine, Hochspringen oder ins Vorderrad-beißen-wollen gar nicht erst anfangen. Er muss lernen, an der rechten Seite zu laufen. Dann ist der Mensch zwischen dem Hund und dem fließenden Verkehr und er fühlt sich sicherer. Außerdem ist der Fahrradfahrer größer, er wird vom Autofahrer besser gesehen und seine Bewegungen sind leichter abzuschätzen, weil sie voraussehbarer sind. (Mal abgesehen davon, dass es die StVO so vorschreibt.) Und noch ein Vorteil: auf der rechten Seite kann der Hund auf den oftmals vorhandenen Grünstreifen hertraben. Das schont Pfoten und Gelenke. Und zur eigenen Sicherheit befestigt man die Leine besser nicht am Fahrrad. Man sollte im Notfall immer Hund und Fahrrad trennen können. Der Hund selber trägt ein gut passendes Geschirr, das man übrigens auch an einem sogenannten „Springer" festmachen kann. Das ist ein metallener Halter, an dem man den Hund festmacht. Ein breites Halsband ist auch möglich.

„Hier" – Ein Wort, und der Boxer kommt angesaust …

DIE BOXER-AUSBILDUNG

„Wenn ein Hund nur darf, wenn er soll, aber nie kann, wenn er will, dann mag er auch nicht, wenn er muss. Wenn er aber darf, wenn er will, dann mag er auch, wenn er soll und dann kann er auch, wenn er muss."

Im Laufe der Zeit sind viele der Aufgaben, die ein Hund als Helfer des Menschen zu leisten hatte, weggefallen. Deshalb stehen heute die Hundehalter in der Pflicht, ihren Hund entsprechend seiner früheren Aufgaben und seiner Talente zu beschäftigen. Die Begleithundeprüfung, die Vielseitigkeitsprüfung für Gebrauchshunde, die Fährtenhundeprüfung etc. gehören zu diesen Möglichkeiten.

Wo hört Erziehung auf und fängt Ausbildung an? Wie oft wird der Züchter gefragt: „Wann kann ich mit der Ausbildung anfangen?" Einfache Antwort: „Sofort". Schon schwieriger ist da die Antwort auf die Frage „Wie?". Die Boxerausbildung meint eingedenk seiner Definition als Gebrauchshund in erster Linie die Ausbildung nach „Internationale Gebrauchshunde-Prüfungsordnung für die

internationalen Gebrauchshundeprüfungen, internationalen Fährtenhundeprüfungen, internationalen Begleithundeprüfungen, internationalen Stöberprüfungen und internationalen Ausdauerprüfungen der FCI". Zugegeben ein Wortungetüm und abgekürzt „IGP".Früher bekannt als „Schutzhundprüfung SchH" oder „Vielseitigkeitsprüfung für Gebrauchshunde VPG". Inzwischen modernisiert und standardisiert für alle nationalen Verbände in der FCI.
Heutzutage werden Boxer nicht mehr sehr häufig als Diensthunde geführt, und deren Ausbildung ist ein anderes Thema. Diese Ausbildung befasst sich mit dem Boxer als Sporthund.
Hier kann natürlich nur ein kleiner Einblick gewährt werden. Für die Ausbildung gibt es viel Literatur und viel Hilfestellung in den Verbänden und Vereinen. (Ortsgruppen des Boxer-Klubs München z. B.). Hundeschulen helfen hier eigentlich nicht. Am besten, man geht einfach mal zu den Gruppen in der Gegend und schaut sich die Sache an.

WAS AUSBILDUNG IST

Unsere Boxer lieben diese Art von Ausbildung und machen, richtig begonnen, mit Begeisterung mit. „Ausbildung", was meint das? Ausbildung umfasst die Vermittlung von Fertigkeiten und Wissen. Lernen, das ist jede Änderung des Verhaltens. Das Individuum antwortet mit einer Verhaltensänderung auf eine Umweltsituation. Es möchte seine Ziele – welche auch immer – erreichen. Lernen ist ein biologischer Vorgang. Es ist Regeln unterworfen und findet immer statt.
Wir nutzen hier zwei Prinzipien. Die klassische und die instrumentelle Konditionierung. Bei der klassischen Konditionierung wird kein Verhalten gelernt, sondern es erfolgt eine Reaktion auf einen Reiz. Dieser Reiz wird gelernt. Klassisch konditionierte Verknüpfungen erfolgen automatisch und der Betroffene kann das nicht beeinflussen. Wer kennt nicht die Pawlowschen Hunde aus seiner Schulzeit?

... und setzt sich schön brav vor. Aber „Anrempeln" ist für Boxer auch eine Option.

Neugierig gucken kann er schon – seine angeborene Neugier hilft dem Kleinsten, erste Lernerfahrungen zu machen.

WIE LERNT EIN HUND

Die instrumentelle Konditionierung hat eine Verknüpfung zwischen einem Reiz, einer Reaktion und dem, was darauf folgt, zum Ziel. Lohnt sich das Verhalten, wird es in Zukunft öfter gezeigt, lohnt es nicht, dann wird es weniger gezeigt oder auch vermieden. Darüber entscheidet jeder Hund selber.

Ohne Motivation funktionieren Lernvorgänge nicht. Ein Hund (jedes Lebewesen) braucht Gründe, um etwas Angenehmes zu tun oder etwas Unangenehmes zu vermeiden. Je größer das Interesse an etwas ist, umso größer ist die Motivation, dafür auch etwas zu leisten.

Hat ein Verhalten angenehme Konsequenzen, ist die Wahrscheinlichkeit dafür, dass wir dieses gewünschte Verhalten erreichen, natürlich grösser, als wenn eher unangenehme Konsequenzen folgten.

Damit das klappt, müssen Motivation und Timing stimmen. Wir müssen unseren Hund für das richtige Verhalten im richtigen Moment richtig belohnen. Vor allem in der Lernphase muss diese Belohnung regelmäßig und zuverlässig kommen.

Die Kletterwand …

Die Basis in der Hundeausbildung ist die Belohnung. Als Strafe wirkt, wenn Gutes entfernt wird (negative Strafe) oder etwas Unangenehmes zugefügt wird (positive Strafe). So kann ein nicht gegebenes Leckerlie als Konsequenz als Strafe wirken. Fügt man einem Hund etwas Negatives zu, gerät er in Stress. Unter Stress kann niemand lernen. Im Sinne einer stressfreien Ausbildung sind deshalb positive Verstärkung und, wenn nötig, negative Strafen das Mittel der Wahl.
Aber was auch immer man mit seinem Hund unternimmt, oberste Priorität muss der gemeinsame Spaß an der Sache haben. Unbedingt muss man auf tiergerechten, artgemäßen und gewaltfreien Umgang mit seinem Hund achten. Liebevoll und konsequent muss man vorgehen. Was nicht heißt, dass nicht auch ein sensibler Boxer mal ein klares Wort braucht. Die angestrebten Ziele müssen für den Hund auch zu erreichen sein. Falscher Ehrgeiz ist fehl am Platz.

Dem Hunde, wenn er gut erzogen, wird selbst ein weiser Mann gewogen.
Johann Wolfgang von Goethe

... mit fliegenden Ohren drüber!

Das Fangen der „Beute" ist für den Boxer Belohnung.

DIE BOXER-AUSSTELLUNG

Nirgends anderswo kann man sich so umfassend und gezielt über Eigenschaften, aktuelle Rassestandards und eingetragene Züchter informieren wie auf einer Hundeausstellung. „Ausstellung" ist heute der gebräuchliche Ausdruck. Früher sagte man „Zuchtschau". Eigentlich trifft das die Sache besser.

Bei einer Ausstellung wird ein Überblick über den phänotypischen Stand der Rasse vermittelt. Zuchtschauen sind keine „Miss-(oder „Mister"-)Wahlen", wo nur der Schönste Beachtung findet. Zuchtschauen sind lehrreich. Zuchtschauen lassen Vergleiche zu zwischen Hunden unterschiedlicher regionaler Herkunft, unterschiedlicher oder auch gleicher Ahnen. Und natürlich den Vergleich mit „dem Standard".

Sie treffen Gleichgesinnte, können verschiedenste Boxer in verschiedensten Situationen beobachten und die Chance nutzen, einmal Besitzer und/oder Züchter nach den Eigenschaften ihrer Hunde und ihren Erfahrungen und Empfehlungen zu fragen, nach dem nächsten Wurf oder einen Besuchstermin.

Ausstellungen werden vielfach veranstaltet. Der Verband für das Deutsche Hundewesen (VDH) veranstaltet Nationale und Internationale Rassehundeausstellungen, die für alle Hunderasse offen sind. Umgangssprachlich einfach CACIB genannt. Genannt nach einem begehrten Titel. (Auf nationalen Ausstellungen wird das CAC (Certificat d'Aptitude au Championnat) der jeweiligen Zuchtverbände vergeben. Auf internationalen Ausstellungen nach dem FCI-Reglement wird zusätzlich zum CAC auch das CACIB (Certificat d'Aptitude au Championnat International de Beauté) vergeben.

Ebenso findet man hier meist eine große Auswahl an den verschiedensten Dingen, die Hund oder Herrchen (bzw. Frauchen) brauchen könnte. Man kann mit den verschiedensten Herstellern von Futtermitteln, Pflegeprodukten, Hundebetten und anderem sprechen. Oder man sieht sich eine der verschiedenen Vorführungen an.

Daneben gibt es aber gleichmäßig verteilt in Deutschland ca. 20 Spezial-Rassehundeausstellungen für Deutsche Boxer. Der Name sagt es: Hier werden ausschließlich Boxer gezeigt. Veranstaltet werden sie von Gruppen des Zuchtverbandes. Nicht selten kann man mehr als 100 Boxer an einer Veranstaltung sehen. Und im Gegensatz zu den VDH-Ausstellungen, die meist in großen Hallen stattfinden, trifft man sich bei „Boxers" unter freiem Himmel auf den Hundeplätzen. Für Viele Ziel eines schönen Familienausflugs an einem Sonntag.

Jeder Boxer wird einzeln von einem Zuchtrichter (oder -richterin) besprochen und platziert. Es gelten dieselben Regeln wie beim VDH. Auch hier gibt es die verschiedensten Titel zu erringen und die Konkurrenz schläft nicht …

Bei Ausstellungen werden die Hunde aufgeteilt nach Geschlecht: Rüden und Hündinnen, nach Farbe: gelb, gestromt oder weiß und nach Alter.

Der Kopf verleiht dem Boxer das Gepräge.

Ohne Fleiß kein Preis – Laufen ...

KLASSEN

Babyklasse (4 – 6 Monate), Jüngstenklasse (6 – 9 Monate), Jugendklasse (9 – 18 Monate), Zwischenklasse (15 – 24 Monate), Offene Klasse (ab 15 Monate), Gebrauchshundeklasse (nur mit Ausbildungskennzeichen), Siegerklasse (nur mit bestätigtem Siegertitel) und Veteranenklasse (für Hunde, die mindestens 8 Jahre alt sind).

Die Zuchtrichter vergeben Formwertnoten, die von „vorzüglich" für einen Boxer, der dem Standard sehr nahe kommt, sich tadellos präsentiert und „Klasse" ausstrahlt, über „sehr gut", „gut", „genügend", „disqualifiziert" oder auch „ohne Bewertung". In der Babyklasse und bei den Jüngsten, die von Natur aus noch nicht „fertig" sein können, heißt es dann „vielversprechend", „versprechend" oder auch mal „wenig versprechend".

Außerdem kann für alle Rassehundeausstellungen ein Zuchtgruppen-Wettbewerb ausgeschrieben werden. Diese besteht aus mindestens drei Hunden einer Rasse mit gleichem Zwingernamen. Des Weiteren kann es ein Nachzuchtgruppen-Wettbewerb, bei dem Nachkommen eines Rüden oder einer Hündin ausgestellt werden. Die Gruppe besteht dann aus einem Elterntier und mindestens fünf Nachkommen beiderlei Geschlechts aus mindestens zwei verschiedenen Würfen. Alle ausgestellten Hunde müssen an dem Tag ausgestellt worden sein.

Das größte Ereignis des Boxer-Jahres findet immer am 3. Wochenende im September statt. Die Jahressiegerausstellung. Dabei kommen während des Wochenendes gut und gerne mehr als 300 Boxer zusammen und hoffen, die begehrten Titel zu gewinnen. Deutschland ist das standardgebende Land für den Boxer und so zieht diese Ausstellung Boxer aus ganz Europa an.

AUSSTELLUNGS-TRAINING

Denn manchmal kommt es anders ... Eigentlich sollte es „nur" ein fröhlicher Familienhund sein? Boxerhaft verspielt, fröhlich? Zum Spazierengehen, dabei sein und mit ihm glücklich sein? Aber dann stellt man fest, dass das vielleicht doch nicht alles ist. Andere Boxerbesitzer erzählen von Ausstellungen. Der eigene Hund ist auch noch schön. Also was liegt näher, als einmal auf eine Ausstellung mitzufahren? Mag sein, zuerst nur zum Gucken. Aber dann soll's doch mal probiert werden. Die Frage ist nur wie. Wie geht das? Was braucht man? Wie läuft sowas ab? Was muss ich tun und beachten? Jeder Hund mit einer Ahnentafel der FCI (= Fédération Cynologique Internationale), also auch der Boxer mit einer Ahnentafel des Boxer-Klubs München oder des IBC, kann mitmachen. Der Besitzer muss nicht Mitglied im Rassehundezuchtverband sein.
Der Hund soll sich freudig und aufmerksam zeigen. Er soll frei und kontrolliert an lockerer Leine laufen und sich im Stand ruhig und gespannt präsentieren. Das ist Aufgabe des Hundeführers.
Auch hier zeigt sich, wie wichtig das Wesen des Boxers ist. Ein ängstlicher, unsicherer Welpe wird dem Stress einer Ausstellung kaum gewachsen sein und auch als erwachsener Hund wird er dann kaum Spaß an der Sache haben. Es gibt da durchaus die verschiedenen Typen. Der eine ist eine echte „Rampensau" und ein Naturtalent und genießt die Aufmerksamkeit des Publikums, und der andere steht da wie „ein Schluck Wasser in der Kurve".
So beginnt die Vorbereitung auf eine Ausstellung bereits im Welpenalter. Man sollte keinen unerfahrenen Welpen mit zu einer Ausstellung nehmen. Ein ängstlicher, eingeschüchterter Hund wird sich niemals in seiner ganzen Schönheit zeigen können. So eignen sich Spezial-Ausstellungen weit besser zum Lernen als die großen Hallen. Es sind weniger Hunde. Eben ausschließlich Boxer. Die Geräuschkulisse ist im Freien bei weitem nicht so eindrucksvoll und man kann mit dem Neuling jederzeit gehen und ihn so aus einer eventuell belasteten Situation entfernen. Denn beim ersten Besuch einer Ausstellung ist er sicherlich noch nicht angemeldet. Er soll eben „nur mal gucken".

Ob er sich über den Pokal genaus so freut wie sein Herrchen?

Hündin oder Rüde? Gestromt oder gelb?

Ein Ausstellungshund muss freundlich sein, sich auch von Fremden anfassen lassen. Kommt doch der Zuchtrichter (oder die Zuchtrichterin) ihm ziemlich nah. Die Zähne werden kontrolliert, bei Rüden auch die Hoden. Und Richter-beißen führt zwangsläufig zum Ausschluss.
Die meisten Boxer allerdings sind von Welpentagen an den engen Kontakt zum Menschen, sowohl zu Fremdem als auch aus der eigenen Familie, gewöhnt. Aber man kann auch Boxer-Freunde bitten, den Hund zu knuddeln, die Zähnchen zeigen zu lassen etc. Na ja, die meisten Boxerwelpen werden das ohnehin kennen.

STEHEN ÜBEN

Das ruhige Stehen übt man zunächst unter Ausschluss der Öffentlichkeit, später dann bei den täglichen Spaziergängen. Nur kurz, aber regelmäßig. Konsequent und liebevoll. Der kleine Boxer muss Spaß daran bekommen. Und Leckerlies sind da der rechte Lohn. Das Laufen an lockerer Leine stellt dann die nächste Herausforderung dar. Auch hier übt man mit Belohnungshappen. Letztendlich soll unser Boxer an lockerer Leine an der linken Seite traben.
Leine und Halsband sollen den Gesamteindruck unseres Boxers nicht verderben. Ein Boxer trägt im Ring eine dünne einreihige Kette, die weder so lang ist, dass er herausschlüpfen kann, noch so kurz, dass sie kaum über den Kopf geht, zu klein aussieht und den Hals kurz und dick erscheinen lässt. Dazu gehört eine schmale lange Leine ohne Haken und Ösen. Es gilt eben auch hier: „Kleider machen Leute". Dass Halsband und Leine der Kraft und dem Gewicht einem Boxer angemessen sein müssen, versteht sich von selbst. Jeder Aussteller will seinen Hund so vorteilhaft wie möglich präsentieren. Um die Vorteile des Gebäudes perfekt zu präsentieren, sollte der Boxer ruhig im Ring stehen. Idealerweise baut sich ein Hund auf Kommando standardgerecht auf. Aber die wenigsten haben so viel Ringdisziplin.
Wie es in anderen Ländern oder bei anderen Rassen manchmal üblich ist, den Hund Pfötchen für Pfötchen wie ein Steiff-Tier

Ein Spiel zur Entspannung und zur Belohnung.

aufzustellen, gibt es bei Boxern nicht.
Das Zähne-zeigen sollte gut geübt werden. Es ist nicht nötig, das Maul weit aufzureißen. Der Zuchtrichter (oder die Zuchtrichterin) möchte den Vorbiss und den Zahnstand sehen, um Fehler oder auch mal eine Kieferdeformation zu erkennen.

GEEIGNETE KLEIDUNG

Wie gesagt: „Kleider machen Leute". Das gilt auch für den Aussteller. Die Kleidung des Ausstellers sollte zweckmäßig sein. Die Kleidung soll in gutem nicht zu grellem Kontrast zum Hund stehen, denn schließlich soll der Hund die Aufmerksamkeit auf sich ziehen, nicht das Outfit am oberen Ende der Leine. Man muss nicht betonen, dass Schuhe mit rutschfester Sohle unerlässlich sind.
Im Ring wird die Startnummer gut sichtbar mit einem Clip oder einer Sicherheitsnadel an der Kleidung befestigt. Der Richter, Ringschreiber und -helfer müssen diese leicht und sicher erkennen können. Beim Vorführen im Trab geht's immer links herum. Der Hund muss immer gut sichtbar sein. Er ist derjenige, um den es hier geht. Aber keine Bange, wenn es da mal falsch läuft. „Es ist noch kein Meister vom Himmel gefallen". Man muss immer wieder üben, an unterschiedlichen Orten und unter verschiedenen Bedingungen.

NÜTZLICHES GEPÄCK

Zum Gepäck gehört noch so Allerlei. Ausstellungshalsband und -leine, Meldebestätigung, EU-Heimtierausweis, Ahnentafel und eventuell Nachweis für Gebrauchshunde- oder Siegerklasse. Dazu noch eine Rückzugsmöglichkeit für unseren Boxer. Bei Spezial-Ausstellungen kann das gut das Auto sein. Aber immer darauf achten, dass der Hund sich darin wohl und sicher fühlt. Ein ganzer Ausstellungstag kann wechselndes Wetter bieten und leicht wird es im Auto schnell zu warm. Da muss man sich etwas einfallen lassen, wie für Schatten und Abkühlung gesorgt werden kann. In Hallen ist das Beste eine Box, die als Gitter- oder Softbox erhältlich ist. Sie ist der Ruhepol, die Futter- und Wasserstation. Zuhause daran gewöhnt, wird sich der Boxer darin auch zuhause fühlen.

Kommando „Fuss“: Rechte Schulter an linkem Knie.

DIE PRÜFUNGEN

Das Hundeausbildungswesen hält viele Entwicklungsmöglichkeiten bereit, sodass für jedes Talent und jeden Geschmack etwas Passendes gefunden werden kann. Die intensive Beschäftigung mit dem Hund trägt wesentlich dazu bei, dass Mensch und Tier zu einem Team zusammenwachsen.

DIE BEGLEITHUNDE-PRÜFUNG

Der Grundstein für jede weitere (vereinsmäßige) sportliche Betätigung ist die „Begleithundeprüfung mit Verkehrssicherheitsteil (BH-VT)“.
Eigentlich eine Selbstverständlichkeit, denn sie beinhaltet im Grunde genommen das „gute Benehmen“, das jeder Boxer und sein Mensch im Umgang mit seiner Umwelt an den Tag legen soll und muss.

Was ist nun zum Bestehen der Begleithundeprüfung zu tun? Auf der einen Seite müssen die Hunde identifizierbar sein. Boxerwelpen werden schon zur Wurfabnahme entsprechend gechippt.
Dann ist das Mindestalter von 15 Monaten einzuhalten. Und der Besitzer (oder auch Hundeführer) muss Mitglied in einem Verein sein, der dem VDH angeschlossen ist. Hier gibt es verschiedene Modelle. Auf der anderen Seite folgt dann die Begleithundeprüfung selber. Sie besteht aus zwei oder drei Teilen.

Ein Hundeführer, der noch nie eine Prüfung mit einem Hund gemacht hat, muss zunächst bei einem schriftlichen Sachkundetest nachweisen, dass er über das notwendige Grundwissen zum Bereich Hund, Hundehaltung und Hundeführung verfügt.
Und dann kommt der Boxer dazu. Im ersten Teil wird der Hund auf dem Übungsplatz in „Unterordnung" geprüft. Im zweiten Teil folgt dann die Prüfung im Verkehr. Es geht raus auf die Straße. Herr und Hund müssen zeigen, dass sie sich verkehrsgerecht verhalten können. Übrigens: Zugelassen sind Hunde aller Rassen und Größen.
Diese Begleithundeprüfung ist die erste und wichtigste. Nicht nur, dass beide zeigen sollen, dass sie sich „benehmen können".
Sie können es, sollte es jemals erforderlich sein, auch beweisen. Denn selbstverständlich bekommen die beiden ein „Zeugnis". Man nennt es die Leistungskarte.

VERLANGTE ÜBUNGEN

Fuß gehen mit und ohne Leine, d.h. „Leinenführigkeit" und „Freifolgen". Danach kommt die Sitzübung. Schlussendlich muss der Hund „Platz" machen und auf Ruf schnell und direkt kommen. „Ablegen in Verbindung mit Herankommen" heißt die Übung.
Es arbeiten dabei immer zwei Hunde gleichzeitig. Während der eine auf dem Platz läuft, liegt der andere an der Seite und muss liegen bleiben: „Ablegen des Hundes unter Ablenkung".
Sind mindestens 70 % der möglichen 60 Punkte erreicht, geht's für die Probanden in den Verkehrsteil.
Der Hund soll immer an der linken Seite des Hundeführers an lose hängender Leine – mit der Schulter in Kniehöhe des Hundeführers – willig folgen. Dem Fußgänger- und Fahrverkehr gegenüber hat sich der Hund gleichgültig zu verhalten. Er begegnet Personengruppen, ein „Passant" schneidet ihm den Weg ab. Man trifft eine Gruppe von Leuten, die stehen bleiben und den Hundeführer freundlich die Hand geben, während sich der Hund setzt oder legt und ruhig abwartet. Desweiteren begegnet das Team einem (klingelnden) Radfahrer, der natürlich nicht verfolgt oder sonst wie belästigt werden darf. Auch soll der Hund sich unbefangen zeigen. Desgleichen verhält er sich bei der Begegnung mit Joggern oder Inlinescatern. Genau so unbeeindruckt hat der Hund sich von Autos, schlagenden Autotüren, startenden Wagen oder auch Autofahrern, die freundlich um eine Auskunft bitten, zu zeigen. In dieser Situation sitzt oder liegt der Hund wieder.
Ein anderes Prüfungsthema ist die Begegnung mit anderen Hunden. Natürlich hat er sich beim Überholen und Entgegenkommen eines anderen Hundes (mit Hundeführer, versteht sich) neutral zu verhalten. Und der Hund muss zeigen, dass er auch kurzfristig im Verkehr angeleint allein gelassenen werden kann. So alleine muss er sowohl einen Passanten als auch einen Passanten mit Hund passieren lassen, ohne starkes Zerren an der Leine oder andauerndes Bellen. Er muss sich ruhig zu verhalten.
So geht die Begleithundeprüfung. Einfach „gutes Benehmen".

Für junge Hunde schwierig: Die Ablage. Bloß nicht aufstehen!

Das Geruchsfeld. Die Anfänge.

FÄHRTEN ODER ABTEILUNG A

Der Hund ist ein Nasentier. So auch der Boxer. Das Riechen muss man einem Hund nicht beibringen. Er muss aber lernen, in welcher Art und Weise er sich beim Suchen verhalten soll.
Wenn der Hund keine gravierenden Mängel hat, ist die Nasenarbeit ein Gebiet, auf dem fast jeder Hund zu einem individuellen Spezialisten ausgebildet werden kann.
Die Fährte, die wir hier meinen, ist nicht sichtbar. Sie ist ein Geruch. Im Gegensatz zur Spur, die wir sehen können. Eine Traktorspur im Gelände beispielsweise. Die Fährte entsteht dadurch, dass wir gehen. Wir hinterlassen Bodenverletzungen, Pflanzenverletzungen und geben unseren Individualgeruch ab. Eine individuell einzigartige Mischung. Gesucht wird üblicherweise auf allen natürlichen Untergründen wie Wiese, Acker, Wald. Und natürlich ohne Stress. Das Ziel, wie es die Prüfungsordnung vorschreibt, ist das schrittweise Suchen von Tritt zu Tritt, wobei der Hund selbstständig arbeitet und auch sein Tempo selber bestimmt. Nach der Prüfungsordnung wird er dabei an einer 10 m langen Leine geführt oder sucht ohne Leine. Aber auch dann muss der Hundeführer 10 m Abstand halten.
Man kann damit schon mit dem Welpen beginnen. Seine Nase funktioniert und fressen wird er auch gerne. Zu Beginn tritt man einen Kreis von ca. 1,5 m Durchmesser, in den man reichlich Futter streut. In das so vorbereitete Geruchsfeld setzt man seinen kleinen Boxer, der vermutlich sofort damit beginnen wird, die Futterbröckchen zu suchen und zu fressen. Natürlich gehört fleißiges Üben dazu. Es gibt nun viele Wege, wie man weiter vorgehen kann.
Alles aufzuführen ist hier nicht möglich.
Zum Schluss soll das Fährtensuchen in verschiedenen Prüfungsarten abrufbar sein.
Es gibt nach der Prüfungsordnung die verschiedensten Anforderungen. Allen Fährten gemeinsam ist, dass ein Fährtenleger sie sorgfältig legt, indem er am Abgang kurz verweilt, ein Fährtenschild platziert und dann in normaler Gangart Geraden und Winkel auf dem Gelände geht, sowie Gegenstände ablegt.
Je nach Schwierigkeitsgrad haben die Fährten eine Länge von 300 bis 1800 Schritt.
Werden die Winkel zuerst als rechte Winkel getreten, fügt man im Verlauf der Anforderungen Bögen und spitze Winkel ein.
Die Anzahl der Geraden erhöht sich und auch die Anzahl der Gegenstände, die der Hund auf der Fährte finden muss, erhöht sich von zunächst drei auf sieben in der schwierigsten Stufe. Auch die Zeit vom Legen bis zum Suchen erhöht sich mit der Schwierigkeit.
Es gibt also die verschiedensten Möglichkeiten. Bestimmt findet sich etwas. Vereine geben gerne über ihr Angebot Auskunft.

Ruhig und konzentriert beginnt der Hund zu suchen.

Tritt für Tritt wird die Fährte erarbeitet.

Schneller gerader Vorsitz ... Wo ist der Ball???

UNTERORDNUNG ODER ABTEILUNG B

Der zweite Teil unserer Prüfung: die Unterordnung oder Abteilung B.
„Unterordnung". Das klingt heute altertümlich und mag früher tatsächlich „absolut gehorsam" gemeint haben, in der Annahme, dass ein gehorsamer Hund ein gut erzogener Hund ist.
Heute ist damit der Teil der Ausbildung gemeint, in dem der Hund „Fuß, Sitz, Platz, Steh" lernen soll. Eigentlich sollte dieses Können eine Selbstverständlichkeit im täglichen Hundeleben sein, das in einer Prüfung natürlich nach bestimmten Regeln vorzuführen ist. Man kann sagen, Unterordnung im Allgemeinen bedeutet, sich einer Entscheidung eines anderen anzuschließen. Unser Boxer wird sich unserer Entscheidung dann unterordnen, wenn es für ihn Sinn macht. Z. B. wenn ein schön braves Liegenbleiben mit einem fröhlichen Spiel belohnt wird oder ein schnelles Angelaufen-kommen ein Leckerli bringt.
Zurück zu unseren Prüfungsanforderungen. Allgemein soll man dem Hund ansehen, dass er gerne tut, was wir von ihm wollen. Er soll mit Selbstvertrauen, Freude und Motivation konzentriert mitarbeiten. Die Harmonie, die ein Mensch-Hund-Team ausstrahlt, wird ebenso bewertet wie die korrekte Ausführung der Prüfungsaufgaben.
Im Einzelnen sind zu bewältigen: die „Freifolge", d. h. neben dem Hundeführer ohne Leine laufen; „Sitz aus der Bewegung", der Boxer soll sich setzen und sitzen bleiben,

1-m-Hürde. Im Freisprung mit Holz zurück.

So geht's los: Futtertreiben.

bis er wieder abgeholt wird; „Ablegen in Verbindung mit Herankommen", auf das Kommando „Platz" legt sich unser Hund hin und kommt, sobald er gerufen wird, schnell und direkt angerannt; „Steh aus der Bewegung", wie bei „Sitz" und „Platz" läuft der Hund neben seinem Menschen und bleibt stehen, wenn das Kommando kommt.
„Bringen": Die Übung kennen vermutlich viele. Man wirft etwas – in diesem Fall ein Apportierholz – und der Hund bringt es zurück. Das wird sowohl auf ebener Erde, als auch als Freisprung über eine 1-m-Hürde und als Klettersprung über die Schrägwand gefordert.
Zum Schluss wird der Hund von uns weggeschickt, bis wir „Platz" rufen. „Voraussenden mit Hinlegen" heißt das. Und bei all' dem guckt uns und unserem Boxer ein zweiter Hund zu. Der liegt am Rand des Übungsplatzes und darf nicht aufstehen. Das ist dann „Ablegen unter Ablenkung".
Der amtierende Leistungsrichter gibt die Anweisung für den Beginn der Übung. Jede Übung beginnt und endet mit einer Grundstellung. Grundstellung? „In der Grundstellung hat der Hund gerade, aufmerksam zum Hundeführer, mit Schulterblatt auf Kniehöhe links neben dem Hundeführer zu sitzen."
So steht es in der Prüfungsordnung.
Wer sich ernsthaft mit diesem Sport befassen möchte, kommt um das Lesen und Lernen der Prüfungsordnung wirklich nicht herum. Hier können nur Möglichkeiten aufgezeigt werden. Aber was immer man mit seinem Boxer macht, Spaß muss es beiden machen!

Stellen und verbellen. So muss es sein: eng und druckvoll.

Ziel des Hundes ist das Erbeuten des Hetzärmels. Erfolg!

SCHUTZDIENST ODER ABTEILUNG C

Schutzdienst, auch so ein altertümlicher Begriff, bei dem so mancher Hundefreund zusammenzuckt. Doch auch hier haben moderne Trainingsmethoden ihren Einzug gehalten. Die Ausbildung ist hundegerecht und spielerisch geworden. Moderner Schutzhundesport und Schutzdienst möchte die Souveränität, Nervenstärke und das Selbstbewusstsein des Hundes fördern sowie die Bindung zwischen Hund und Halter vertiefen.
Nervöse Raufer und Beißer werden hier üblicherweise ausgesondert. Gut ausgebildete Schutzhunde haben gelernt, in extremen Reizsituationen gelassen und im Gehorsam zu bleiben. Natürlich ist jeder Hundesport nur so hundegerecht, wie der Mensch, der ihn mit seinem Vierbeiner betreibt.

Seriöse Schutzdienstausbildung macht Hunde nicht „scharf". Der vorhandene Beutetrieb wird angesprochen, wobei die „Beute" weder der Helfer noch andere anwesende Personen oder Hunde darstellen, sondern ein Hetzärmel, eine dicke, gepolsterte Attrappe, die der Helfer um den Arm trägt. Das Interesse des Vierbeiners gilt ausschließlich diesem sogenannten Schutz- oder Hetzarm. Legt der Helfer diesen Arm ab, ist der für den Hund uninteressant. Der Helfer kann den Hund ohne weiteres anfassen und streicheln.
Der Schutzdienst nach der Prüfungsordnung ist ein sportlicher Wettkampf, mehr nicht. Ähnlich wie Degenfechten, Boxen oder Sportschießen. Sie alle kämpfen nach festen Regeln. Mit Sporthunden verhält es sich ebenso. Es geht lediglich darum, vorgeschriebene Übungen möglichst korrekt und konzentriert vorzuführen.

Wir haben im Schutzdienst auf der einen Seite einen Hund, der seine Ärmel unbedingt haben will. Auf der anderen Seite aber einen Hundeführer, der vom Hund verlangt, dass er zuerst bei Fuß geht, auf Anweisung Verstecke umläuft, vor dem Helfer mit dem Ärmel sitzt und bellt. Unterordnung in Reinkultur. Erst dann darf der Hund sich seine Beute schnappen. Ein Hund, der den Anweisungen seines Halters nicht folgt, kann die Prüfung genauso wenig erfolgreich bestehen wie ein schüchterner Vierbeiner, der im Schutzärmel nicht zufasst.
Eine verantwortungsvolle Ausbildung im Schutzdient führt zu einem stressresistenten, selbstbewussten und ausgelasteten Hund, der auch im Alltag Belastungen aushält. Belastungen, wie sie unsere menschliche Umwelt für uns alle bereithält.
Übrigens schützt jeder Hund mit guter Bindung an seine Menschen. Das muss er nicht erst lernen. Auch die Erziehung des Hundes erfolgt nicht auf dem Hundeplatz, sondern in der rauen Wirklichkeit des Alltags. Und das gilt für alle Ausbildungen – egal ob jagdliche, Agility, Obedience oder Vielseitigkeitssport. Und ein weiterer Punkt: Der Boxer ist ein Rassehund „mit Arbeitsprüfung". Der Hundesport und besonders der Schutzdienst stellt eben auch eine Prüfung der im Standard geforderten Wesensveranlagungen dar, die vom amtierenden Leistungsrichter bei jeder Prüfung nicht nur im Schutzdienst, sondern auch während Fährte und Unterordnung, beobachtet und bewertet werden soll.
Jeder, der einen Boxer in sein Zuhause holt, wünscht sich einen rassetypisch fröhlich verspielten Hund, aber auch einen, der nervenfest, selbstsicher und mutig allen Anforderungen an unsere moderne Umwelt gewachsen ist. Seine Eltern sind im Schutzdienst ausgebildet und mindestens ein Elternteil hat auch seine Gebrauchshundeprüfung bestanden.

Der Anbiss. Voller Vergnügen voll und fest.

EIN ZWEITER BOXER
— *ein paar Gedanken*

Was ist schöner als ein Boxer? Zwei Boxer! Logisch, ein Boxer ist derartig toll, dass beizeiten daran gedacht wird, sich einen zweiten anzuschaffen. Natürlich gilt es einiges dabei zu bedenken, dass zwei Boxer beispielsweise auch doppelte Arbeit und Zeitaufwand erfordern.

Zwei junge Boxer gleichzeitig sind schwer zu bändigen, da sie sich aneinander orientieren. Sie brauchen ihre Menschen nur, um die Kühlschranktür bzw. den Futtersack zu öffnen. Beim Spiel stört der Mensch eher und wird ignoriert. Zwei wild galoppierende Boxer in Feld und Wald sind durch wildes Geschrei von Herrchen und Frauchen nicht zu beeindrucken.

Zwei Temperamentsbolzen an der Leine stacheln sich gegenseitig auf und entwickeln ungeahnte Kräfte. Da hilft nur die Flucht in den Graben, um heil an den entgegenkommenden Artgenossen vorbei zu kommen. Entweder Sie sind ein sehr talentierter Hundeführer, der die Jungspunde in den Griff bekommt oder es empfiehlt sich, einige Zeit zu warten. Das wird für alle Beteiligten die einfachere Variante sein. Haben Sie erfolgreich binnen 4 – 6 Jahren Ihren Boxer wohl erzogen, ist der Gedanke an einen zweiten Boxer umsetzbar. Ihr „Alter“ wird dem Neuankömmling viel zeigen können. Die Erziehung nimmt der erfahrene Boxer zu einem guten Teil in die Pfoten. Der große Boxer freut sich über den Spielkameraden und läuft zu alter Form auf. Die Vierbeiner werden ein super Team, das sich hundlich versteht. Die Kommandos kennt der ältere Boxer und bringt sie spielend dem unerfahrenen Boxerle bei. Sie haben die Freude zuzusehen. Kommt der ältere in die Jahre, wird der jüngere Boxer ein Jungbrunnen für ihn sein. Kommt dann der Tag des endgültigen Abschieds, bleibt Ihnen ein tröstender Boxer im besten Alter. Er wird wie sein Vorgänger die Erziehung eines neuen Boxerbabies gerne übernehmen.

Der Ältere erzieht die Jüngere spielerisch.

Solche Bilder lassen die Herzen von Boxerfreunden höher schlagen!

Ausglassen ein Bad genießen: Zu zweit macht es doppelt Spaß!

Rennen um die Wette: Noch ist der erwachsene Boxer schneller.

SERVICE

— *Wissenswertes für Hundehalter*

ZUM WEITERLESEN

Zum Weiterlesen finden Sie hier eine Auswahl an Hundebüchern aus dem Kosmos-Verlag.

Günther Bloch, Elli H. Radinger:
Der Mensch-Hund-Code.

Sandra Bruns, Lara Sophie Steinhoff:
Vorsicht, giftig! Anti-Giftködertraining für Hunde.

Dr. Martin Bucksch:
Gesunde Ernährung für Hunde,

Udo Gansloßer, Kate Kitchenham:
Forschung trifft Hund.

Alina Klüglich-Hinrichs, Sibylle Ströbele:
Hundesachen einfach selber machen.

Mel Koring: **Welpenschule.**

Frank Lausberg:
Erste Hilfe für den Hund.

Ursula Löckenhoff:
Dogwalk.

Alexandra Nadig:
Heilpflanzen für Hunde.

Heike Schmidt-Röger:
Hundeverhalten.

Sabine Winkler: **Hunderziehung.**

NÜTZLICHE ADRESSEN

BOXER KLUB München e. V. Sitz München
Geschäftsstelle:
Veldener Str. 64 + 66
81241 München

Züchter, Welpenofferte, Ortsgruppen in Ihrer Nähe und weitere Informationen finden Sie auf der Homepage des Boxer Klub:
www.bk-muenchen.de
Mitglied im VDH und der FCI

Wichtig: Boxer-Welpen in der in diesem Buch beschriebenen Qualität gibt es ausschließlich über den Boxer-Klub München.

Offizielle Vermittlungsstelle von in Not geratene Boxer: **www.boxer-in-not.de**

REGISTER

BILDNACHWEIS

126 Farbfotos wurden von Armin Hauke/Kosmos extra für dieses Buch aufgenommen. Weitere Fotos von Beate Jodl (8: S. 12, 28, 44 (2), 74, 75, 77, 108).

IMPRESSUM

Umschlaggestaltung von WALTER Typografie & Grafik GmbH, Würzburg unter Verwendung von Farbfotos von Holger Reckziegel und Illustrationen von Shutterstock/Nikiteev_Konstantin.

Mit 134 Farbfotos.

Gedruckt auf chlorfrei gebleichtem Papier

ISBN 978-3-440-15960-6
Redaktion: Angela Beck/Katja Pauls
Gestaltungskonzept: Peter Schmidt Group GmbH, Hamburg
Gestaltung und Satz: Claudia Adam Graphik-Design, Darmstadt
Produktion: Andrea Hehn
Druck und Bindung: Westermann Druck Zwickau GmbH, Zwickau
Printed in Germany/Imprimé en Allemagne

FSC
www.fsc.org
MIX
Papier aus verantwortungsvollen Quellen
FSC® C110508

Rassestandard
— *Deutscher Boxer*

Kurzer geschichtlicher Überblick

Als unmittelbarer Vorfahre des Boxers gilt der Kleine bzw. Brabanter Bullenbeißer. Die damalige Zucht der Bullenbeißer lag meistens in den Händen von Jägern, denen er zur Jagd diente. Seine Aufgabe war es, das von den Hetzhunden getriebene Wild zu packen und festzuhalten, bis der Jäger kam und die Beute erlegte. Für diese Aufgabe musste der Hund ein möglichst breites Maul mit breitem Zahnstand haben, um sich richtig festzubeißen und auch festzuhalten. Jeder Bullenbeißer, der diese Merkmale hatte, war für seine Aufgabe am besten geeignet und kam somit auch zur Weiterzucht, die früher nur nach der Tätigkeit und dem Verwendungszweck erfolgte. So wurde auch eine Zuchtauslese betrieben, die einen breitschnauzigen Hund mit aufgestülptem Nasenschwamm hervorbrachte.

Allgemeines Erscheinungsbild

Der Boxer ist ein mittelgroßer, glatthaariger, stämmiger Hund mit kurzem, quadratischem Gebäude und starken Knochen. Die Muskulatur ist trocken, kräftig entwickelt und plastisch hervortretend. Die Bewegungen sind lebhaft, voll Kraft und Adel. Sein Wesen ist geprägt von Anhänglichkeit und Treue gegenüber seinem Herrn und dem ganzen Haus, seine Wachsamkeit und sein unerschrockener Mut als Verteidiger sind von alters her berühmt. Er ist harmlos in der Familie, aber misstrauisch gegenüber Fremden, heiter und freundlich beim Spiel, aber furchtlos im Ernst.